中等职业教育电子与信息技术专业系列教材

国家中等职业教育改革发展示范学校建设系列成果

SMT组装生产工艺

SMT ZUZHUANG SHENGCHAN GONGYI

总 主 编　张耀天

主　　编　谢元德　易　奇

副 主 编　余承霖　李书德

编　　者　周作端

参与企业　柏兆电子科技有限公司

U0379484

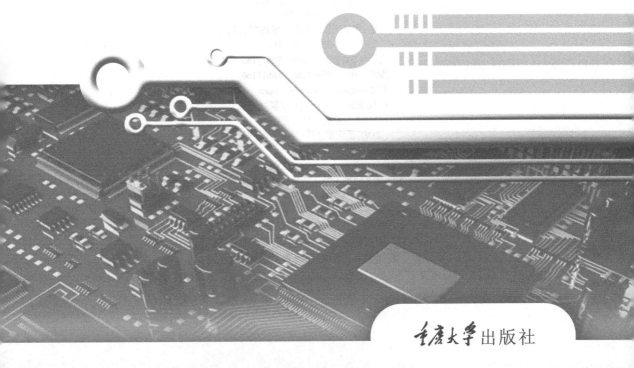

重庆大学出版社

内容提要

伴随着科技的发展,未来的电子产品更轻、更小、更薄。传统的组装技术已经无法满足高精度、高密度的组装要求,一种新型的 PCB 组装技术——SMT(表面贴装技术)应运而生。本文列举计算机主板的组装工艺,讲述了 SMT,DIP,TEST,PACK 各段落的生产流程,着重围绕着 SMT 工艺,从原材料、设备、人员、方法、环境等方面分解 SMT 的组装工艺,即印刷、贴片、焊接、检测各环节的作业内容、操作方法与注意事项。

本书是中等职业学校电子类专业教学用书,也可作为电子类专业培训教材,还可作为 SMT 专业技术人员的参考用书。

图书在版编目(CIP)数据

SMT 组装生产工艺/谢元德,易奇主编.—重庆:
重庆大学出版社,2014.2(2023.1 重印)
中等职业教育电子与信息技术专业系列教材
ISBN 978-7-5624-7975-8

Ⅰ.①S… Ⅱ.①谢…②易… Ⅲ.①SMT 技术—中等
专业学校—教材 Ⅳ.①TN305

中国版本图书馆 CIP 数据核字(2014)第 020796 号

中等职业教育电子与信息技术专业系列教材
国家中等教育改革发展示范学校建设系列成果

SMT 组装生产工艺

总主编 张耀天
主编 谢元德 易 奇
副主编 佘承霖 李书德
策划编辑:王 勇 陈一柳

责任编辑:文 鹏 版式设计:陈一柳
责任校对:邬小梅 责任印制:赵 晟

*

重庆大学出版社出版发行
出版人:饶帮华
社址:重庆市沙坪坝区大学城西路 21 号
邮编:401331
电话:(023) 88617190 88617185(中小学)
传真:(023) 88617186 88617166
网址:http://www.cqup.com.cn
邮箱:fxk@ cqup.com.cn(营销中心)
全国新华书店经销
POD:重庆新生代彩印技术有限公司

*

开本:787mm×1092mm 1/16 印张:11.75 字数:265 千
2014 年 2 月第 1 版 2023 年 1 月第 6 次印刷
ISBN 978-7-5624-7975-8 定价:35.00 元

 # 教材编委会

编委主任　张耀天

编委成员　汪　洋　　陈中山　　刘德友　　冉　炅

　　　　　　　白红霞　　曾　炜　　杨绍江　　谢元德

　　　　　　　周　涛　　余承霖　　王朴生　　冯华英

　　　　　　　魏　斌　　夏届一

# 序　言

随着现代科学技术和生产组织形式的不断发展,传统课程的教学模式已不能适应职业教育的要求,改革现有的中等职业教育教学模式和教学方法,以适应职业教育改革发展形势,彰显"做中学、做中教"的职业教育教学特色,突出专业课教学从学科本位向能力本位转变,提高教学效益,提升人才培养质量,已成为当前我国职业教育教学改革的必然趋势。

在《教育部关于进一步深化中等职业教育教学改革的若干意见》(教职成〔2008〕8号)中强调改革教学内容、教学方法,增强学生就业能力和创业能力,强化专业实践和实训教学环节,深化课程改革,打破学科体系,推动中等职业学校教学从学科本位向能力本位转变。《教育部、人力资源和社会保障部、财政部关于实施国家中等职业教育改革发展示范学校建设计划的意见》(教职成〔2010〕9号)中提出以提高中等职业教育改革发展水平为目标,推进工学结合、校企合作、顶岗实习为重点,以加强队伍建设、完善内部管理、创新教育内容、改进教育手段,进一步深化办学模式、培养模式、教学模式和评价模式改革,切实加强内涵建设,着力提高人才培养质量。

2012年6月,黔江民族职业教育中心被国家教育部、人力资源和社会保障部、财政部三部委批准为"国家中等职业教育改革发展示范学校建设计划第二批立项建设学校",我们结合所编制的《实施方案》和《任务书》进行了行业调研,对专业进行了典行工作任务与职业能力分析,按照实际的工作任务、工作过程和工作情景组织课程,建立了基于工作过程的课程体系,形成围绕工作需求的新型教学标准、课程标准,按职业活动和要求设计教学内容,并在此基础上组织一线教师、行业专家、企业技术骨干以项目任务为载体共同开发编写了本套具有鲜明时代特征的中等职业教育电子与信息技术专业系列教材。

本系列教材为电子类专业核心课程,主要有《电子元器件识别与检测》《功能电路组装与调试(模拟电路)》《功能电路组装与调试(数字电路)》《电工线路安装与测试》等。

本系列教材主要特点:

1.打破学科体系,强调理论知识以"必须""够用"为度,结合首岗和多岗迁移需求,以职业能力为本位,注重基本技能训练,为学生终身就业和较强的转岗能力打基础,同时体现新知识、新技术、新方法。

2.采用项目任务进行编写,通过"任务驱动",有利于学生把握任务之间的关系,把握完整的工作过程,激发学生学习兴趣,让学生体验成功的快乐,有效提高学习效率。

3.教材内容紧紧围绕职业岗位需求,贴近企业生产和生活实际,教材编排体例新颖,内容设计结合中职学生认知特点从易到难,充分采用"图、表、文"多种方式灵活而生动地展示知识内容,增强了教材的趣味性和可读性。学生通过感知、体验、领悟、应用等获取专业知识与技能,使教材更加突出职业教育特色。

4.教材以项目工作任务实施为具体教学内容,教会学生如何完成工作任务,知识与技能的学习通过各种具体任务完成过程进行,评价方式的改变也对学生有促进作用。

5.教材适应中职学生生源的低起点与多样性,在知识结构上充分考虑了学生的就业需求和将来发展的需要,注重理论与实际相结合,激发学生的求知欲。

6.教材依据教学标准和课程标准,对接职业标准和岗位需求,编写中充分考虑与国家职业技能鉴定相关应知应会要求相衔接。

该系列教材是在国家中等职业教育改革发展示范学校建设的前提下,对课程体系改革进行的教材开发,编写中征求了行业专家、企业技术骨干及职教同行等多方意见,是一套适合职业教育改革发展的创新教材,由于我们的能力有限,还希望各位在使用中提出宝贵意见。

编写委员会

2013 年 12 月

# 前 言

　　SMT 是表面组装技术(Surface Mount Technology)的缩写,是目前电子组装行业里最流行的一种技术和工艺,已逐渐替代传统"人工插件"、波峰焊的组装方式,它推动了电子元器件向片式化、小型化、薄型化、轻量化、高可靠、多功能方向发展。进入 21 世纪以来,中国电子信息产品制造业每年都以 20%以上的速度高速增长,成为国民经济的支柱产业。SMT 技术及产业同步迅猛发展,整体规模居世界前列。

　　本教材编写人员经过深入企业调研,与长期从事 SMT 的技术人员一起经过反复研讨,共同编写完成。根据企业生产实际,以 SMT 为主,也兼顾通孔元件组装技术。

　　本教材在编写上有以下特点:

　　1.按电子产品主板组装生产流水线的实际工作流程,逐岗介绍知识和技术,兼顾学生就业的首岗和多岗迁移需求。

　　2.融入了职场环境要求及企业文化,使学生就业能快速适应企业生产、生活。

　　3.学习内容按"行业技术员"要求定位,适应中职学生的实际认知能力,介绍行业内大量的生产制程实践经验。

　　4.以点带面,通过典型设备介绍,将设备运行原理扩展到所有设备。

　　本教材课程内容、教学要求及参考课时如下:

序号	工作任务	知识要求	能力要求	参考课时
1	PCB 组装工艺	● 能概述 PCB 组装的流程和环境要求 ● 能做好 ESD 防护 ● 能做好 6S 工作 ● 能概述各制程段的特点与各工位作业内容	● 能正确穿戴静电衣、帽、手环、手套等,工作时必须避免身体与产品直接接触 ● 能描述 PCB 组装流程 ● 能描述组装工艺的工位职责	15
2	SMT 物料管控	● 能分辨片式元件的外观、封装、参数 ● 能分辨晶体管的外观、封装、参数 ● 能分辨芯片的外观、封装、参数 ● 能正确使用各种类型的 PCB ● 能正确使用各种湿敏元件	● 能正确识别各种 SMT 元器件 ● 能正确分辨元器件包装上的参数 ● 能识别 PCB 表面处理方式 ● 能描述 MSD 元件的管理规范 ● 能描述 SMT 元件的封装方式	20

续表

序号	工作任务	知识要求	能力要求	参考课时
3	印刷	• 能正确使用锡膏 • 能按标准开刻、验收钢网 • 能判定印刷质量、分析原因并处理 • 能操作 DEK265 印刷机 • 能对印刷机作简单维护	• 能描述无铅锡膏特性并正确使用 • 能掌握钢网开孔规范和验收钢网 • 能独立操作印刷机/点胶机 • 能掌握印刷质量标准，并对印刷品质进行判定 • 能操作 DEK265 全自动印刷机并掌握印刷机工作流程 • 能对印刷机进行日常维护保养	30
4	表面贴装	• 能分辨不同结构的贴片机 • 能识别物料的包装特性 • 能正确备料 • 能操作两种不同结构的贴片机 • 能对贴片机进行简单保养	• 能规范地选用供料器 • 能识别物料的包装特性 • 能描述不同结构贴片机的特性 • 能独立操作贴片机 • 能掌握 PCB 贴片品质标准，并加以判定 • 能进行贴片机的日常维护保养	40
5	回流焊	• 能概述回流焊原理和焊接流程 • 能说明炉温曲线的内容与要求 • 能说明焊接的质量判定标准及不良品形成的原因 • 能对回焊炉进行日常操作 • 能对回焊炉作简单维护	• 能描述热风回流焊的原理 • 会看回焊炉炉温曲线 • 能说出无铅焊接制程中各温区标准 • 能对突发异常情况加以处理(如停电、卡板、掉板等) • 能独立操作 HELLER1800 回焊炉 • 能掌握 PCB 焊接标准并加以判定 • 能对回焊炉进行日常维护保养	15
6	AOI 检测	• 能概述 AOI 原理和工作流程 • 能说出 AOI 结构 • 能操作德律 TR7500DT AOI	• 能说出 AOI 工作原理 • 能说出 AOI 结构及其作用 • 能独立操作德律 TR7500DT AOI • 能对 AOI 进行日常维护保养	10

本教材由谢元德负责制定编写提纲、样章和编写的组织、讨论与统稿;李书德、易奇两位长期从事 SMT 技术的企业技术人员收集提供全部编写素材。项目一由谢元德编写,项目二、三由易齐编写,项目四由李书德编写,项目五由余承霖编写,项目六由周作端编写。

在编写过程中,柏兆电子科技有限公司在教师企业调研和行业实践中给了大力支持,在此深表感谢。

编　者
2013 年 11 月

Contents 目录

PCB组装工艺

【知识目标】
- 能概述PCB组装的流程和环境要求；
- 能概述各制程段的特点与各工位作业内容。

【技能目标】
- 能做好ESD防护；
- 能做好6S工作。

任务一　认识 PCB 组装工艺

任务描述

日常生活中所使用的电子产品,都是以基板为线路承载,完成电子元器件间的互联。在电子产品加工企业中,通常要通过不同的生产工艺来完成 PCB 组装,再加以检测和包装保护,成为人们日常看到的产品。通过本任务的学习,学生们将从宏观上认识 PCB 组装的各主要工艺。

任务分析

PCB:Printed Circuit Board,中文名称为印制电路板,又称印刷电路板、印刷线路板,是重要的电子部件,是电子元器件的支撑体,是电子元器件电气连接的载体。PCB 组装工艺包括表面元件贴片(SMT)、插件元件组装(DIP)、产品电气性能测试(TEST)、产品包装(PACK)等几道主要工艺,下面将从 PCB 组装工艺划分以及环境需求等方面进行学习。

任务实施

活动一　PCB 组装工艺的分类

在电子产品组装技术行业里,以电子元件组装于 PCB 上的方式不同,PCB 组装技术分为表面贴片和双列式元件插件两种工艺。而在现实的工作中,企业为保障产品的组装品质和对电子产品进行有效的保护,除了将上述两种工艺称为组装技术外,又结合了测试和包装两种工艺,并将这四种工艺的组合称为 PCB 的组装工艺。这四种工艺的具体解释见表 1-1。其中,SMT 生产车间如图 1-1 所示,插件生产车间如图 1-2 所示,测试生产线如图 1-3 所示,包装生产线如图 1-4 所示。

表 1-1

项　目	定　义	图　片
SMT	表面贴装技术:在 PCB 表面即完成电子元件焊接的工艺。企业通常为全自动设备进行生产运作,是整个组装工艺中最为重要的一环	

续表

项　目	定　义	图　片
DIP	双列直插式元件焊接工艺:元件在组装时,元件引线贯穿 PCB,从而将正背面线路进行连接。在企业中通常为人工作业	
TEST	电子产品电气性能检测工艺:依据所生产的不同电子产品,对其进行对应的实际使用模拟通电测试,它是产品市场品质保障的关键	
PCAK	电子产品的外包装工艺:将电子产品及其附属配件进行整合,常使用纸盒式纸箱进行包装,以便于对产品进行保护、储存和促进销售	

图 1-1

图 1-2

图 1-3 　　　　　　　　　　　　　　　　　图 1-4

活动二　走进 PCB 组装环境

PCB 组装的生产设备是高精度的机电一体化设备,设备和工艺材料对环境的清洁度、空气温湿度都有严格的要求,让我们走进电子产品实际生产环境中看一看吧。

1.功率要符合设备要求

单相:AC220(220 V±10%,50/60 Hz);

三相:AC380 V(220 V±10%,50/60 Hz)。如果达不到要求,需配置稳压电源,电源的功率要大于设备功耗的 1 倍以上。

2.温度

环境温度:(23±3)℃为最佳,一般为 18~28 ℃。

3.空气湿度

空气相对湿度需为 45%~70%。

4.工作环境

工作间保持清洁卫生,无尘土、无腐蚀性气体等。在空调环境下,要有一定的新风量。

5.防静电

生产设备必须良好接地,应采用三相五线接地法并独立接地。生产场所的地面、工作台垫、坐椅等均应符合防静电要求。

6.排风

再流焊和波峰焊设备都有排风要求。

7.照明

厂房内应有良好的照明条件,理想的照度为 800~1 200 lx,至少不能低于 300 lx。

活动三　做好工作环境的 6S

为确保能高效而有序的生产,企业都会制定适合企业本身发展需求的相关管理制度,"6S"制度往往是制定的核心,见图 1-5。

1.整理(Seiri)

定义:区分物品是否必要,现场只保留必需的物品。

图 1-5

目的:a.改善和增加作业面积;b.现场无杂物,行道通畅,提高工作效率;c.减少磕碰的机会,保障安全,提高质量;d.消除管理上的混放、混料等差错事故;e.有利于减少库存量,节约资金;f.改变作风,提高工作情绪。

意义:把必要与不必要的人、事、物分开,再加以处理,对生产现场的现实摆放和停滞的各种物品进行分类,对于车间里各个工位或设备的前后、通道左右、厂房上下、工具箱内外以及车间的各个死角,都要彻底搜寻和清理,使得现场无不用之物。

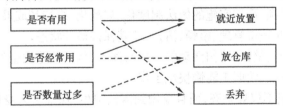

2.整顿(Seiton)

定义:必需品依规定定位、定方法摆放整齐有序,标示明确(见图 1-6)。

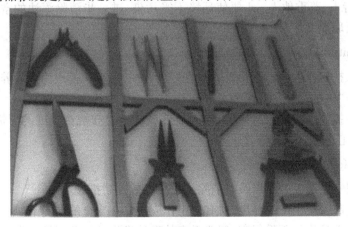

图 1-6

目的:不浪费时间寻找物品,提高工作效率和产品质量,保障生产安全。

意义:把需要的人、事、物加以定量、定位。通过前一步整理后,对生产现场需要留下的物品进行科学合理的布置和摆放,以便用最快的速度取得所需之物,在最有效的规章、制度和最简洁的流程下完成作业。

要点:a.物品摆放要有固定的地点和区域,以便寻找;b.物品摆放地点要科学合理;c.物品摆放目视化,使定量装载的物品做到过目知数,摆放不同物品的区域采用不同的色彩和标记加以区别。

3.清扫(Seiso)

定义:清除现场内的脏污,清除作业区域的物料垃圾。

目的:保持现场干净、明亮。

意义:将工作场所的污垢去除使异常发生源很容易发现,是实施自主保养的第一步,主要是提高设备利用率。

要点:a.自己使用的物品,如设备、工具等,要自己清扫,不要依赖他人,不增加专门的清扫工。b.对设备的清扫着眼于对设备的维护保养,清扫设备要同设备的点检结合起来,清扫即点检。清扫设备要同时做设备的润滑工作,清扫也是保养。c.当清扫地面发现有飞屑和油水泄漏时,要查明原因,并采取措施加以改进。

4.清洁(Seiketsu)

定义:将整理、整顿、清扫实施的做法制度化、规范化,维持其成果。

目的:认真维护并坚持整理、整顿、清扫,使其保持最佳状态。

意义:通过对整理、整顿、清扫活动的坚持与深入,从而消除发生安全事故的根源。创造一个良好的工作环境,使职工能愉快地工作。

要点:a.车间环境不仅要整齐,而且要做到清洁卫生,保证工人身体健康,提高工人劳动热情。b.不仅物品要清洁,而且工人本身也要做到清洁,如工作服要清洁,仪表要整洁,及时理发、刮须、修指甲、洗澡等。c.工人不仅要做到形体上的清洁,而且要做到精神上的"清洁",礼貌待人,尊重他人。d.要使环境不受污染,进一步消除浑浊的空气、粉尘、噪音和污染源,消灭职业病。

5.素养(Shitsuke)

定义:人人按章操作、依规行事,养成良好的习惯,每个人都成为有教养的人。

目的:提升"人的品质",培养对任何工作都讲求认真的人。

意义:努力提高人员的自身修养,使人员养成严格遵守规章制度的习惯和作风,这是"6S"活动的核心。

6.安全(Safety)

定义:发现安全隐患并予以及时消除或争取有效预防措施。

目的:建立起安全生产的环境,所有的工作应建立在安全的前提下。

意义:保护人员物品不受侵害,创造无意外事故发生的作业现场。常见设备的安全标志如图1-7所示。

图 1-7

活动四　ESD(Electro-Static Discharge,静电释放)防护

　　静电是一种客观存在的自然现象,产生的方式多种多样,如接触、摩擦、电器间感应等都可产生静电。静电的特点是长时间积聚、高电压、低电量、小电流和作用时间短等。静电有许多危害,在实际生产过程中常应该按以下方法作好防护措施。常见静电标志如图1-8所示。

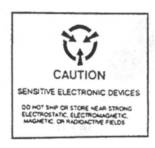

图 1-8

1.防静电地板/皮

　　防静电地板又称作耗散静电地板。当它接地或连接到任何较低电位点时,可使电荷耗散,表面阻抗须在 $10^5 \sim 10^{10}\Omega$。静电皮功能与静电地板相似,主要铺垫于设备表面或工作台面上,使产品隔离生产设备。防静电地板与防静电皮一样均需有导电装置,如图1-9所示。

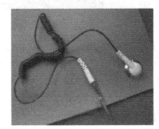

图 1-9

2.静电防护服

　　静电服(图1-10)是由专用的防静电洁净面料制作的,具有高效、永久的防静电、防尘

性能,以及表面薄滑、织纹清晰的特点,要求表面阻抗应为 $10^6 \sim 10^{11} \Omega$。

图 1-10

3.防静电鞋

防静电鞋(图 1-11)可以将静电从人体导向大地,从而消除人体静电,同时还可有效地抑制人员在无尘室中的走动所产生的灰尘。

图 1-11

4.防静电手套

防静电手套(图 1-12)能防止本身静电积聚而引起的伤害,并能有效防护人身产生的汗液对电子产品的氧化。其表面阻抗为 $10^6 \sim 10^9 \Omega$,可以用于一次性操作,但不可重复清洗使用。

图 1-12

5.防静电手环

防静电手环是由导电松紧带、活动按扣、弹簧 PU 线、保护电阻及插头或鳄鱼夹组成的,是用于释放人体所存留的静电,以起到保护人体作用的小型设备。它按结构分为双回路手腕带(图 1-13)和单回路手腕带(图 1-14)。

图 1-13

图 1-14

6.静电测试仪

静电测试仪是用来测试静电手环和静电皮(箱)等相关防静电材料表面阻抗是否良好的一种仪器。图 1-15(a)为测试静电手环是否合格的专用仪器,上有"LOW""GOOD""HIGHT"3 种不同颜色指示灯,测试时按图 1-15(b)所示,"GOOD"绿灯亮表示静电手环为合格,其他均为不合格,需对静电手环进行检查和更换。图 1-15(c)所示为检测静电皮等防静电材料表面阻抗是否达标的仪器。使用时如图 1-15(d)所示,显示数据在材质表面阻抗要求范围内即为合格品。

(a)　　　　(b)　　　　(c)　　　　(d)

图 1-15

7.人体静电综合测试仪

人体静电综合测试仪(图 1-16)主要用于防静电鞋、脚颈带和手腕带等的电阻值测试,分为单脚型、双脚型。

图 1-16

8.其他防静电装置

随着电子产品性能越来越好,电子元件对静电也越来越敏感,因此在电子产品生产组装过程中,凡是与电子产品有直接接触的地方必须要求使用防静电材料或装置,具体如图1-17所示。

| 防静电胶带 | 防静电指套 | 防静电包装袋 | 防静电镊子 |

| 防静电椅子 | 防静电卡槽 | 防静电箱 | 防静电刷子 |

| 防静电海棉 | 防静电周围架 | 防静电盒 |

图 1-17

9.常见的静电防护方式

在电子产品制造行业,静电是令人防不胜防的因素,光电子制造行业每年至少有上千亿美元的经济损失与静电有着密切联系,因此静电防护也是现代企业的重中之重。企业常用的静电防护方式如表1-2所示。

表 1-2

项　目	方　　式	作　用	常见装置
静电鞋/环检测	每进入生产现场一次需进行测试一次	预防为主	静电环测试　　静电鞋测试

续表

项　目	方　式	作　用	常见装置
静电皮、盒、框点检	每3~6个月须进行点检一次	预防为主	 静电测试仪
接地	对静电皮、地板、椅、周转架、工作台、设备、直接工作人员等进行接地,并且每个月须使用万用表定期点检一次	是最好的静电消除方式,将静电导入大地,以保护产品不被静电击坏	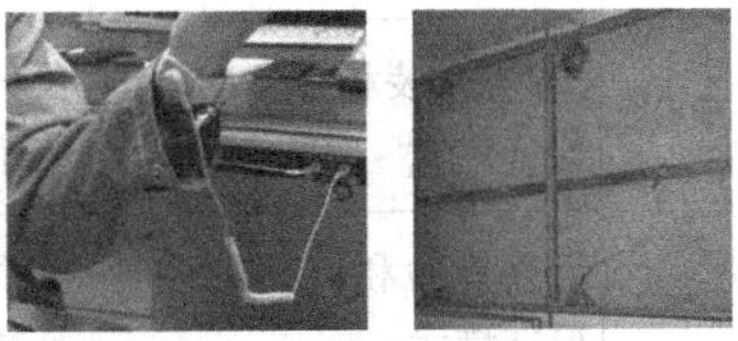 相关接地
加湿	对工作环境进行加湿(一般控制在45%~70%)	静电在潮湿环境中不易产生,对生产环境加湿可以减少静电产生	 车间加湿装置 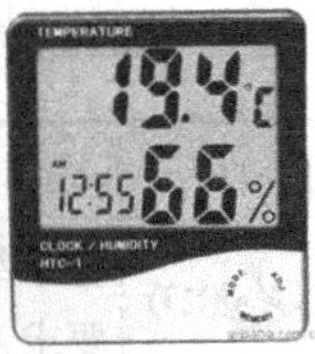　温湿度计
抗静电材质	使用防静电材质工具(静电镊子、箱、盒、海绵、刷等)	直接接触电子产品,使用防静电材质或表面喷洒防静电液	 防静电液
隔离	对电子产品进行包装隔离	使用防静电材料将电子产品与外界屏蔽	 防静电袋
静电中和	使用离子风扇对静电荷进行中和	中和静电电荷,减小静电危害	 离子风扇

活动五　PCB 组装的行业标准

PCB 组装是集原材料及生产设备的设计、制造、组装于一体的综合性电子电路组装技术,在国际上有着专用的组织标准支持,常见的组织有 ISO、IPC 等,见表 1-3 和表 1-4。

表 1-3

项　目	定　义	适合行业	作　用
ISO 9001	设计、开发、生产、安装和服务的质量保证模式	自身具有产品开发、设计功能的组织	全世界都在接受和使用 ISO 9000 族标准、它可为提高组织的运作能力提供有效的方法;增进国际贸易,促进全球的繁荣和发展;使任何机构和个人可以有信心从世界各地得到任何期望的产品,以及将自己的产品顺利销往世界各地
ISO 9002	生产、安装和服务的质量保证模式	自身不具有产品开发、设计功能的组织	
ISO 9003	最终检验和试验的质量保证模式	对质量保证能力要求相对较低的组织	

表 1-4

项　目	定　义	适合行业	作　用
IPC-A-601D	电子组件的可接受性要求	针对印制板组件可接受性的标准	该标准是用来规范最终产品可接受级别和高可靠性电路板组件的"宝典"
J-STD-001D	电气与电子组件的焊接要求	制造高质量有铅和无铅互连元件的材料、方法和审核要求	强调流程控制并且针对电子连接的各个方面设定了行业通用的要求
IPC-7711/21	电子组件和电路板的返工和返修	通孔、表面贴装返工、连接盘、导体和层压板返修的通用技能	包括去除和更改涂层,表面贴装以及通孔元器件的工具、材料和方法以及程序要求等内容,还阐述了对电路板和组件进行返修和修改的规范要求
IPC-A-600G	印制板的验收条件	PCB 裸板上理想的、可接受的和拒收的条件制定验收规范	对 PCB 板的工艺质量设定标准
IPC-A-620A	电缆、线束装配的技术条件及验收要求	线缆线束行业进行工艺、材料和检验管理	对线缆线束工艺质量设定标准

知识拓展

(1)"6S"起源

"6S"源于日本,是早期企业所使用的"5S"管理的升级,是指对生产现场中人员、机器、材料、方法、环境等生产要素进行有效的管理。"5S"是指整理(Seiri)、整顿(Seiton)、清扫(Seiso)、清洁(Seiketsu)、素养(Shitsuke)5 个项目,因均是以"S"开头,所以简称

"5S"。开展以整理、整顿、清扫、清洁和素养为内容的活动,简称为"5S"活动。根据企业进一步发展的需要,有的企业在5S的基础上增加了安全(Safety),形成了"6S"。6S具有以下意义:

- 提升企业形象。工作场所干净而整洁,员工的工作热情可得到提高,忠实的顾客不断积累,企业的知名度不断提高,有利于提高企业声誉,扩大产品销路。

- 提升员工品质意识。员工按要求生产,按规定使用,可尽早发现质量隐患,生产出优质的产品。

- 减少浪费和库存量。降低设备的故障发生率,减少工件的寻找时间和等待时间,有利于降低成本,提高效率,缩短产品加工周期。

- 提高效率,建立标准化。工作区域划分、物品摆放一目了然,有利于员工提高工作效率和创新的积极性。大家都按照规定执行任务,程序稳定。人们正确地执行已经规定了的事项,在任何岗位都能立即上岗作业,有力地推动了标准化工作的开展。

- 人造环境,环境育人。员工通过对整理、整顿、清扫、清洁、修养的学习遵守,使自己成为一个有道德修养的公司人,整个公司的环境面貌也会随之改观,员工工作心情愉快,有归属感。

(2)其他标准化组织

- ISO(the International Organization for Standardization):国际标准化组织。它是世界上最大的非政府性标准化专门机构,由130个国家的成员组成,在国际标准化中占主导地位。ISO的主要活动是制定国际标准,协调世界范围内的标准化工作,组织各成员国和技术委员会进行情报交流,以及与其他国际性组织进行合作,共同研究有关标准化问题。制定国际标准的工作通常由ISO的技术委员会完成。各成员团体如果对某技术委员会确立的项目感兴趣,均有权参加该委员会的工作。与ISO保持联系的各国际组织(官方的或非官方的)也可参加有关工作。而且在电工技术标准化方面,ISO与国际电工委员会(IEC)保持密切合作关系。随着国际贸易的发展,对国际标准的要求日益提高,ISO的作用也日趋扩大,世界上许多国家对ISO也更加重视。ISO 9000系列标准受到世界各国的普遍重视和欢迎,被很多国家采用,将其转化为本国的国家标准。随着现在人们对环境保护问题的日益重视,ISO 14000环境体系系列标准也逐渐被很多国家采用。

- IPC(the Institute of the Interconnecting and Packing Electronic Circuit)电子电路互连与封装协会。它由300多家电子设备与印制电路制造商以及原材料与生产设备供应商等组成,下设若干技术委员会。SMEMA(the Surface Mount Equipment Manufactures Association)表面贴装设备制造商联合会现在已经并入IPC。IPC还包括IPC设计者协会(主要是PWB印制电路板的设计者)、ITRI(Interconnection Technology Research Institute)互连技术研究会和SMC(Surface Mount Council)表面安装委员会。IPC的关键标准有:工艺IPC-A-610,焊盘设计IPC-SM-782,潮湿敏感性组件IPC-SM-786,表面贴装胶粘剂IPC-SM-817,

印制电路板接收准则 IPC-A-600，电子组装的返工 IPC-7711，印制电路板的修理和更改 IPC-7722，术语和定义 IPC-50。此外，还有一个测试方法手册 IPC-TM-650，对推荐的所有测试方法进行了定义。IPC 的其他标准涉及 PCB 的设计、组件贴装、焊接、可焊性、质量评估、组装工艺、可靠性、数量控制、返修及测试方法。

- IEC（International Electrotechnical Commission）：国际电工委员会。它成立于 1906 年，是世界上最早的非政府性国际电工标准化机构。IEC 的宗旨是促进电工、电子领域中标准化及有关方面问题的国际合作，增进相互了解。

- ANSI（American National Standards Institute）：美国国家标准学会。它是非赢利性质的民间标准化团体，已经成为美国国家标准化中心，美国各界标准化活动都围绕它进行。通过它，政府有关系统和民间系统相互配合，起到了政府和民间标准化系统之间的桥梁作用。ANSI 协调并指导美国全国的标准化活动，给标准制定、研究和使用单位以帮助，提供国内外标准化情报，同时又起着行政管理机关的作用。

- EIA（Electronic Industries Alliance）：美国电子工业协会。它创建于 1924 年，现在其成员已超过 500 名，代表美国 2 000 亿美元产值的电子工业制造商而成为纯服务性的全国贸易组织。EIA 制定的有关元器件的标准（95 版本）有：EIA-481、EIA-481-l（8 mm 及 12 mm带式包装）、EIA-481-2（16 mm 及 24 mm 带式包装）和 EIA-481-3（32 mm、44 mm 及 56 mm带式包装）。

- JEDEC（Joint Electron Device Engineering Council）：电子器件工程联合会。它是属于 EIA 的半导体工程标准化组织，其制定的标准覆盖了整个电子工业领域。JEDEC 由 EIA 在 1958 年创建，当时只涉及分立半导体器件的标准化工作。1970 年以后，其范围有所扩展，增加了集成电路部分。JEDEC 有 11 个主要的委员会和许多分委员会，目前有 300 多家公司成员加入到 JEDEC 中，包括半导体组件和其他相关领域的制造商和用户。

- ASME（American Society of Mechanical Engineers）：美国机械工程师协会。ASME 主要从事发展机械工程及其有关领域的科学技术，鼓励基础研究，促进学术交流，发展与其他工程学、协会的合作，开展标准化活动，制定机械规范和标准。

- ASTM（American Society for Testing and Materials）：美国材料与试验协会。ASTM 主要致力于制定各种材料的性能和试验方法的标准。从 1973 年起，它扩大了业务范围，开始制定关于产品、系统和服务等领域的试验方法标准。标准包括：标准规格、试验方法、分类、定义、操作规程以及有关建议。

- IEEE（Institute of Electrical and Electronics Engineers）：美国电气和电子工程师学会。IEEE 的标准制定内容有：电气与电子设备、试验方法、元器件、符号、定义以及测试方法等。

学习评价

评价项目	评价权重	评价内容		评分标准/分	自评	互评	师评
学习态度	20%	出勤与纪律	A.出勤情况 B.课堂纪律	5			
		学习参与度	积极发言、认真讨论	5			
		任务完成情况	A.技能训练任务 B.其他任务	10			
专业理论	30%	能说出PCB组装工艺的环境需求	各制程段的环境需求	15			
		能说出PCB组装工艺的流程	PCB组装所需的制程工业	15			
专业技能	40%	能完成"6S"活动	工作现场的"6S"实施	15			
		能对产品进行ESD防护	ESD防护措施得当	25			
职业素养	10%	注重文明、安全、规范操作;善于沟通、爱护财产、注重节能环保		10			
综合评价							

任务二 表面贴装技术

任务描述

SMT(Surface Mount Technology)即表面贴装技术,它是一门将PCB进行表面组装和焊接的新兴技术,也是现代电子产品生产的核心。它具有组装密度高、电子产品体积小、质量轻、成本低、生产效率高等特点。

任务分析

SMT是通过"锡膏印刷→元件贴装→焊接→检测"的过程来完成对电子元件的生产

组装,有锡膏印刷机、贴片机、回焊炉、AOI 检测仪等主要生产设备。SMT 作为全自动型生产流水线,其相关组成设备也是全自动的,本任务将从设备及 SMT 人员的工作内容进行介绍。

任务实施

活动一   认识 SMT 主要设备

1.认识 SMT 常用印刷机

SMT 生产线常用的印刷机见表 1-5。

表 1-5

种　类	图　片	作　用
手动印刷机		印刷机是 SMT 生产线的起始站位,也是电子产品组装 SMT 段品质与效率的龙头。它主要是通过钢网将锡料均匀涂敷于 PCB 所对应的焊盘上,其工作原理与学校印刷油墨试卷原理相似。因现在电子产品生产组装要求越来越高,因此大部分企业均采用全自动印刷设备
半自动印刷机		
全自动印刷机		

2.认识 SMT 常用贴片机

SMT 生产线常用的贴片机见表 1-6。

表 1-6

种　类	图　片	作　用
转塔式贴片机		贴片机是 SMT 生产技术的核心，主要作用是使用特定的方法将一定包装的电子元器件精准、快速地贴放到 PCB 对应的位置。它综合采用了光、电、气等高科技技术，是高精度机电一体化设备的领导者
拱架式贴片机		
模组式贴片机		

3.认识 SMT 常用回焊炉

SMT 生产线常用的回焊炉见表 1-7。

表 1-7

图 片	作 用
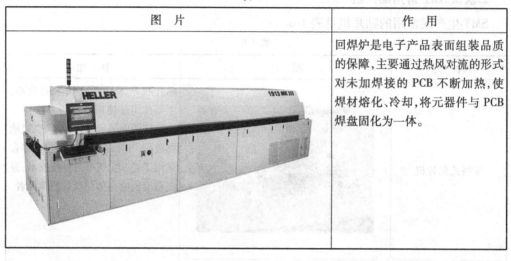	回焊炉是电子产品表面组装品质的保障,主要通过热风对流的形式对未加焊接的 PCB 不断加热,使焊材熔化、冷却,将元器件与 PCB 焊盘固化为一体。

4.认识 SMT 常用 AOI

SMT 生产线常用 AOI 见表 1-8。

表 1-8

图 片	作 用
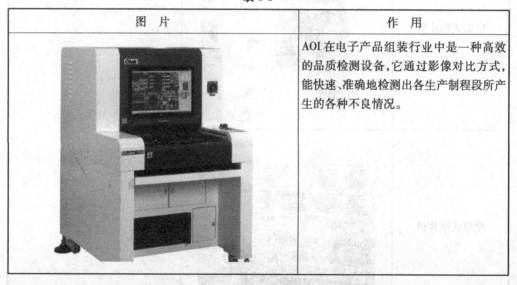	AOI 在电子产品组装行业中是一种高效的品质检测设备,它通过影像对比方式,能快速、准确地检测出各生产制程段所产生的各种不良情况。

活动二　了解 SMT 生产流程

1.简单的 SMT 生产流程

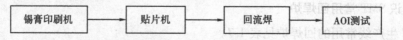

锡膏印刷机 → 贴片机 → 回流焊 → AOI测试

2.详细的 SMT 生产流程

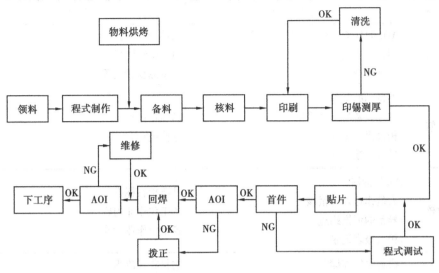

活动三　熟悉 SMT 各工位工作内容

为了生产线的正常生产,提高产品品质与生产效率,SMT 的生产工位可分为直接生产工位和间接生产工位。其中,直接生产工位可以分为印刷、贴片、炉前、炉后,间接生产工位可分为稽核、维修、物料、设备等,见表1-9。

表1-9

工　位	工作内容	注意事项
印刷	锡膏钢网等辅材的取用 维持印刷机的正常运行 检查印刷品质 印刷机的日常维护 相关报表记录 生产异常反馈 简单故障处理	锡膏使用规范 钢网使用规范 PCB 使用规范 印刷机操作规范 品质检查标准
贴片	物料更换 贴片机的日常维护 相关报表记录 生产异常反馈 贴片机操作及简单故障处理	换料注意事项 湿敏元件使用规范 贵重元件使用规范 贴片机操作规范
炉前	贴片品质检查 散料清理 回焊炉的日常维护 相关报表记录 异常反馈	品质检查标准 散料使用规范 回焊炉操作规范

续表

工　位	工作内容	注意事项
炉后	AOI 的日常操作和维护 相关报表记录 异常反馈	品质检查标准 AOI 操作规范 不良品反馈流程
维修	不良品的维修 维修设备的保养维护 相关报表记录 异常反馈	品质检查标准 返修流程
稽核	"6S" 稽核 人员作业内容稽核 异常的汇报跟进 相关报表记录	品质检查标准 各工位作业内容 各工位作业动作
物料	物料收发和储存 物料申购、报废 相关报表记录	物料收发流程 物料储存要求 提前申报
设备	设备调试维护 不良品的分析处理 维持生产线的正常运作 相关报表记录	良品达成率 产量达成率

学习评价

评价项目	评价权重	评价内容		评分标准/分	自评	互评	师评
学习态度	20%	出勤与纪律	A.出勤情况 B.课堂纪律	10			
		学习参与度	团结协作、积极发言、认真讨论	5			
		任务完成情况	A.技能训练任务 B.其他任务	5			
专业理论	30%	能说出 SMT 的主要流程	SMT 流程认识	20			
			SMT 在 PCB 组装工艺中所起的作用	10			

评价项目	评价权重	评价内容		评分标准/分	自评	互评	师评
专业技能	40%	能认识PCB组装在SMT段所需的主要设备	SMT主要设备认识	25			
		能说出SMT的工位名称和工作职责	A.SMT工作岗位设定项目 B.各工作岗位在生产中的职责	15			
职业素养	10%	注重文明、安全、规范操作;善于沟通、爱护财产、注重节能环保		10			
综合评价							

任务三 插 件

任务描述

DIP(Double In-line Package)即双例直插式组装,它是一种将通孔元件正面安放在PCB正面,元件引脚穿过PCB,通过波峰焊等方法加以焊接组装的电路装连技术。

任务分析

DIP的流程简单地说是插件—焊接的过程,它的工位也根据流程可分为插件、炉前检查、补焊、剪脚、清洗、炉后检查和辅助工位等。本任务介绍每个工位所做的具体工作内容。

任务实施

活动一 认识DIP设备

DIP原意为双列式直插元件。电子元件按其组装方式不同分为表面贴片和直插式元件两种。因此,在很多电子制造企业中,DIP被泛指为插件组装或称为MI(手工插件)。与SMT相似,DIP也是电子元件的组装工序,也有其自动组装设备(AI:自动插件机),但由于 DIP 自动生产设备调试难度大,生产不良率高,且 DIP 占有元件比例大幅下降,因此大部分企业选择以人力来完成 DIP 元件组装作业。常见的 DIP 生产设备见表 1-10。

表 1-10

名　称	图　片	作　用
元件成形机		将 DIP 元件引脚成形,方便生产
BIOS 拷贝机		又称为 IC 烧录机,是将软件程序资料拷贝进 IC 的一种设备
自动插件机		即常说的 AI 机,原理与 SMT 贴片机相似,是 DIP 元件的专用生产设备,因生产时调试复杂且不良情况较多,现大部分工厂均改为手工插件
防焊胶		生产时将板底元件覆盖,使板底元件在过波峰炉时不会产生不良
波峰炉		DIP 焊接设备,外观与 SMT 回流焊相似,将金属锡条熔化成锡水,锡水从板底注入 DIP 元件孔中,从而完成元件焊接,这也是 DIP 制程的关键

续表

名　称	图　片	作　用
板底清洗机		产品在经过波峰焊后,板底有助焊剂等残留异物,此设备主要是使用洗板水对板底异物进行自动清洗
ICT 测试仪	518FR	在线对元器件的电性能及电气连接进行测试,以此来检查生产制造是否缺陷及元器件不良
小锡炉		对 DIP 元件不良进行局部拆装,由于维修后 PCB 变形严重且有引发其他元件不良的概率,因此很多工厂已禁用此类设备

活动二　了解 DIP 生产流程

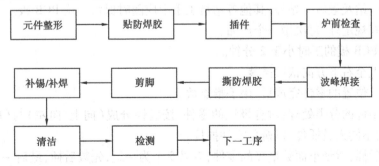

```
元件整形 → 贴防焊胶 → 插件 → 炉前检查
                                    ↓
补锡/补焊 ← 剪脚 ← 撕防焊胶 ← 波峰焊接
   ↓
清洁 → 检测 → 下一工序
```

活动三　熟悉 DIP 各工位工作内容

1.DIP 各工位及工作内容

为了保证生产线的正常生产,提高产品品质与生产效率,DIP 与 SMT 一样,会分很多工位,其间接工位与 SMT 工作内容大致相同,详见表 1-11。

表 1-11

工　位	作业内容	注意事项
备　料	进行物料准备,含引脚整形、IC 资料烧录等	备料和资料烧录正确
贴防焊胶/安装治具	贴住 PCB 板底元件,给 PCB 加装过炉治具	不能贴住波峰喷焊锡孔,PCB 需固定
插　件	用手准确将元件安放在 PCB 所对应贯穿孔	元件使用和极性需正确,元件不得浮高
炉前检查	检查前工位作业状况	不得有漏插、错插、极性反、浮高等不良现象
撕防焊胶/拆治具	撕掉前工位贴的防焊胶	收集的防焊胶和治具需放置在固定位置,不得随意乱放
剪　脚	将过长的元件引脚剪掉	注意引脚长度标准(1~2 mm)
补　锡	对波峰焊接不良进行加锡	注意焊接要求
清　洁	清洗 PCB 板底松焊接残留物	注意清洗方向和时间,不得用手接触洗板水
检　查	使用套板对 DIP 元件进行检查,重点确认元件品名、极性与焊接效果	注意正背面的锡点质量
ICT 测试	使用 ICT 测试仪对 PCB 进行电气性能检测	注意正确操作

2."插件"十准则

①用同一方法做 PCB 板:每个 PCB 板的制作方法、插件顺序完全相同。

②如没有特别规定,两工位最多只能有一块 PCB 板。

③除第一站及最后一站外,其他各站员工手上应随时保留一块 PCB 板。

④除另有规定外,每次做一个产品。

⑤每块 PCB 板的工时小于 2 分钟。

⑥按左上至右下方向依次插装。

⑦在单一位置的零件完成后,用手指点数。

⑧极性零件的分类处理:对有极性的零件,按极性分成(向上/向左)与(向下/向右)两类,分别由不同人员插件,以避免极性插反。

⑨先数后插:对细小而数量多的零件,应以 5 个为一组,先数后插,最后一个零件应插入最后一个位置。

⑩工位认证:员工未培训合格前,不能上岗作业。

学习评价

评价项目	评价权重	评价内容		评分标准/分	自评	互评	师评
学习态度	20%	出勤与纪律	A.出勤情况 B.课堂纪律	10			
		学习参与度	团结协作、积极发言、认真讨论	5			
		任务完成情况	A.技能训练任务 B.其他任务	5			
专业理论	30%	能说出插件的主要流程	插件流程认识	20			
			插件在PCB组装工艺中所起的作用	10			
专业技能	40%	能认识PCB组装在插件段所需的主要设备	插件主要设备认识	25			
		能说出插件的工位名称和工作职责	A.插件工作岗位设定项目； B.各工作岗位在生产中的职责	15			
职业素养	10%	注重文明、安全、规范操作；善于沟通、爱护财产、注重节能环保		10			
综合评价							

任务四　测　试

任务描述

测试(TEST)是通过某些设备,对电子产品的软件/硬件等方面进行检测,使得产品能够正常使用。

任务分析

测试是电子产品电气性能最全面也是最后的检测制程。每种电子产品的测试方式及过程也有不同,以计算机主板为例,除了在 DIP 制程段对电子元件的电气性能进行检测(ICT)外,还需在实际应用平台上进行各项系统测试。通过本任务的学习,将了解计算机主板的测试流程和具体的测试方法。

任务实施

活动一　认识测试设备

计算机主板的测试通常有以下设备,见表 1-12。

表 1-12

名　称	图　片	作　用
手动测试		计算机主板功能测试,需手动加装 CPU、内存、显卡、硬盘等工具才能完成测试
半自动测试		计算机主板功能测试,无需手动加装 CPU、内存、显卡、硬盘等工具,只需将 PCB 放置在特定位置即可完成测试

活动二　了解测试生产流程

计算机主板测试主要有以下步骤:

计算机主板
DOS站测试　→　计算机主板
XP站测试　→　计算机主板
WIN7站测试

活动三　熟悉测试工位工作内容

测试工位及工作内容见表 1-13。

表 1-13

工　位	作业内容	注意事项
DOS 站	主要对计算机主板开关机、CMOS 等性能进行检测	必须要 ESD 防护 测试装置拔插正确 开机前须检查测试装置是否安放正确
XP 站	主要对计算机主板音视频、网络连接、温度、USB 接口等性能进行测试	必须要 ESD 防护 测试装置拔插正确 开机前须检查测试装置是否安放正确
WIN7 站	主要对系统操作、HDMI 等性能进行测试	必须要 ESD 防护 测试装置拔插正确 开机前须检查测试装置是否安放正确

学习评价

评价项目	评价权重	评价内容		评分标准/分	自评	互评	师评
学习态度	20%	出勤与纪律	A.出勤情况 B.课堂纪律	10			
		学习参与度	团结协作、积极发言、认真讨论	5			
		任务完成情况	A.技能训练任务 B.其他任务	5			
专业理论	30%	能说出测试的主要流程	测试流程认识	20			
			测试在 PCB 组装工艺中所起的作用	10			
专业技能	40%	能认识 PCB 组装在测试段所需的主要设备	测试主要设备认识	25			
		能说出测试的工位名称和工作职责	A.测试工作岗位设定项目； B.各工作岗位在生产中的职责	15			
职业素养	10%	注重文明、安全、规范操作；善于沟通、爱护财产、注重节能环保		10			
综合评价							

任务五 包 装

任务描述

包装(PACK)一般作为 PCB 组装技术中最后一道工序,也是相对简单的一道工序,它是指为了便于运输、保护、销售产品进行包装的一个活动。本任务介绍一些简单的电子产品包装。

任务分析

不同的电子产品,其包装会有所区别。以计算机主板为例,包装主要是把说明书、光盘、手册、排线等放到包装盒里打包出货。下面我们来实际了解其作业流程和内容。

任务实施

活动一 认识包装设备

常见的包装设备如表 1-14 所示。

表 1-14

种 类	图 片	作 用
打包机		一般以箱为单位,把数个包装盒放进去进行封装
称重机		一般以箱为单位,对整箱产品进行称重,避免漏装产品

活动二 了解包装生产流程

活动三 熟悉包装各工位工作内容

包装各工位的工作内容见表1-15。

表 1-15

工 位	作业内容	注意事项
配件投放	依次将配件放进包装盒	相似配件分两人放置
检查	检查数量、规格、种类是否齐全	检查数量、规格、种类是否齐全
封装	包装盒用胶纸封好	注意美观大方
装箱	将包装的产品放进纸箱	注意数量
称重	对整箱产品进行称重	注意单盒质量、整箱数量和质量
打包	胶纸封口,封箱带封装	注意美观大方

学习评价

评价项目	评价权重	评价内容		评分标准/分	自评	互评	师评
学习态度	20%	出勤与纪律	A.出勤情况 B.课堂纪律	10			
		学习参与度	团结协作、积极发言、认真讨论	5			
		任务完成情况	A.技能训练任务 B.其他任务	5			
专业理论	30%	能说出包装的主要流程	包装流程认识	20			
			包装在 PCB 组装工艺中所起的作用	10			

续表

评价项目	评价权重	评价内容		评分标准/分	自评	互评	师评
专业技能	40%	能认识 PCB 组装在包装段所需的主要设备	包装主要设备认识	25			
		能说出包装的工位名称和工作职责	A.包装工作岗位设定项目； B.各工作岗位在生产中的职责	15			
职业素养	10%	注重文明、安全、规范操作；善于沟通、爱护财产，注重节能环保		10			
综合评价							

任务六　返　修

任务描述

返修(RePair)是指将区分出来的不良产品进行修复,并将修复的产品标示且返回生产线进行检测的工序,是每种工艺都不可缺少的工序。

任务分析

在电子产品生产企业,返修一般分为表面维修和产品功能维修两种,本任务主要从返修流程和工作内容进行介绍。

任务实施

活动一　认识返修设备

认识常见的返修设备见表1-16。

表 1-16

种　类	图　片	作　用
恒温铬铁/热风枪		拆焊电子元件
BGA 返修台		拆焊 BGA 等大型元件

活动二　了解返修流程

1.返修流程

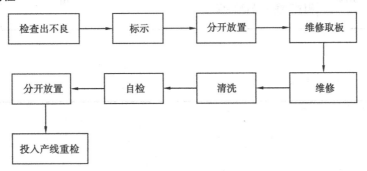

检查出不良 → 标示 → 分开放置 → 维修取板 → 维修 → 清洗 → 自检 → 分开放置 → 投入产线重检

2.注意事项

①每 2 小时须将产线不良品移至维修区进行维修,后工段回馈不良品要优先维修。

②修补零件时,PCB 反面必须要垫静电海绵以免撞坏零件。

③使用热风枪修板时一定要垫一块报废板,修好后检查另一面的零件是否因受热造成不良。

④按标示的缺陷位置进行维修,使用烙铁或热风机对一般有缺陷的零件进行维修(烙铁温度一般为(300±20)℃,时间为 3~5 s)。对于 BGA、CSP、SOCKET 等零件的拆焊则使用 BGA 返修台。使用热风机拆拔 QFP、SOP 等 IC 时,注意需用高温胶带将其周围 10 mm

内的元件贴住,以防热风将其他零件吹掉。

⑤对于更换元件的维修,需把元件连同 PCB 交给第三方确认后方可进行维修。

⑥维修后的 PCB 需作标记。

学习评价

评价项目	评价权重	评价内容		评分标准/分	自评	互评	师评
学习态度	20%	出勤与纪律	A.出勤情况 B.课堂纪律	10			
		学习参与度	团结协作、积极发言、认真讨论	5			
		任务完成情况	A.技能训练任务 B.其他任务	5			
专业理论	40%	能说出返修的主要流程	返修流程认识	20			
			返修在 PCB 组装工艺中所起的作用	20			
专业技能	30%	能认识 PCB 组装在返修段所需的主要设备	返修主要设备认识	30			
职业素养	10%	注重文明、安全、规范操作;善于沟通、爱护财产、注重节能环保		10			
综合评价							

技能训练

1.填空

(1)SMT 全称是_____ _____ _____,中文意思是_____。

(2)在 SMT 工艺中,常用主要设备有_____、_____、_____、_____

等几种。

(3)企业中 PCB 组装常见工艺有_____、_____、_____、_____等。

(4)企业中常以整理、_____、_____、清洁、_____、_____ 6 项来

定义现场管理,又被简称为"6S"管理。

(5)在 PCB 组装工艺环境中,我们所说的理想温度是_____,湿度应保持在

_____范围。

2.说出企业常用的静电预防方式,说出各自优点,并在实训中加以应用。

3.写出下面所列安全符号的具体意义。

4.画出 SMT 生产流程图。

SMT物料管控

【知识目标】

● 能说出各种表面贴片元件的特性和分类；
● 能说出PCB的特性。

【技能目标】

● 能分辨表面贴片元件的外观、封装、参数；
● 能正确使用各种类型的PCB；
● 能正确使用各种湿敏元件。

任务一　片式元件的识别

任务描述

20 世纪 60 年代,飞利浦公司生产了世界上第一颗片式元件。从此,片式元件的封装技术发生了翻天覆地的变化,从最开始的 3.2 mm×1.6 mm×1.6 mm 封装发展到现在的 0.6 mm×0.3 mm×0.2 mm 的微小元件(其体积仅为第一代片式元件体积的 1/228)。片式元件是最基本、最简单的电子元件,也是电子产品使用最多的元件(85% 以上的电子元件均为片式元件),而在 SMT 组装过程中,具有相同外观的元件多达数百种,因此只有熟悉各项特征,才能确保生产过程中能准确使用。

任务分析

片式元件常被称为 CHIP 料。SMT 常用片式元件有贴片电阻、电容、电感 3 种,只有通过对它们外观、封装、精度、外包装等参数的识别,才能准确使用。本任务通过实物和图片来分辨它们的各项参数。

任务实施

活动一　外观识别

在识别元件时,首先要对它的外观进行识别,有些元件外观差别不大,熟练掌握它们的外观识别、避免错料是必不可少的一项技能。常见的片式元件见表 2-1。

表 2-1

种类	图片	类型	丝印标示	极性	单位	文字面(值)	外观
贴片电阻		普通电阻	R	无	欧[姆] (Ω)	代码法,4 位数或有字母代表"精密"	正黑反白,正面两白色端为焊接点,可通过背面文字面辨识,但 0402 或其以下规格元件无文字面
		排阻	RN/RP	无	欧[姆] (Ω)	代码法,4 位数或有字母代表"精密"	正黑反白,通常有 4、8、10 只引脚,引脚为焊接点,背面有文字面可辨识

续表

种类	图片	类型	丝印标示	极性	单位	文字面(值)	外观
贴片电容		陶瓷电容	C	无	皮法(pF)	无	元件宽度通常与其厚度相当,与电阻相似,两端白色处为焊接点,以黄、白、灰、棕色居多
		排容	CN	无	皮法(pF)	无	与排阻相似,主要为8和10只引脚,引脚为焊接点,以黄、白、灰、棕色居多
		钽质电容	C/TC	特殊标示端为正极	皮法(pF)	代码法,加单位为直标法	常为两端焊接,文字面通常由容值代码和其耐压值组成,常见颜色有金黄色和黑色
		铝质电解电容	C/CE	正面特殊标示端为负极	皮法(pF)	代码法,加单位为直标法	圆柱形,底部两引脚为焊接点,文字面与钽质电容相似,常见为白、黑色,紫、红色为高档电容
贴片电感		普通电感	L	无	微亨(μH)	无	外观与贴片电容相似,但通常厚度与宽度不一致,两端白色部分为可焊点,主体颜色常为灰色
		功率电感,不带屏蔽	L	无	微亨(μH)	代码法,加R为直标法	常为不规则柱体,文字面为电感值代码,底部两端金属部分为焊接点,中间为铜丝线圈缠绕,本体多为黑色
		功率电感,带屏蔽	L	无	微亨(μH)	代码法,加R为直标法	多为长方体,其他与功率电感相似
		功率电感,带屏蔽	L	无	微亨(μH)	代码法,加R为直标法	外观与功率电感相似

续表

种类	图 片	类 型	丝印标示	极 性	单 位	文字面(值)	外 观
磁珠		普通磁珠	L/FB	无	欧[姆]（Ω）	无	外观与普通贴片电感相同
保险丝		熔断型	F	无	安[培]（A）	直标法	中间为长方体，两端突出部分为焊接点，文字面有标示电压和电流，通常为白色
		自恢型	F/FU	无	安[培]（A）	直标法或图标法	为两端带缺口的长方体，缺口处为焊接点，正面和底部相同，常为墨绿色
晶振		两脚	X/Y	无	兆赫（MHz）	直标法	焊接点为两只引脚，有内伸及外延两种，文字面为其频率，主体颜色主要以黑色和白色居多
		四脚	X/Y	正面圆点或背面引脚缺口为方向	兆赫（MHz）	直标法	焊接点为四只引脚，有内伸及外延两种，文字面为其频率，主体颜色主要以黑色、白色和金色居多
排插		立式	CON	以插口面作为方向	以引脚数、间距作单位	无	底部为并列式引脚，正上方为插口，多为白色
		卧式	CON	以引脚朝向为方向，并有上下接之分	以引脚数、接口、引脚数作单位	无	底部为引脚焊点，插口为侧面，多为白色塑料封装

活动二　封装识别

元件的封装主要是指元件的长、宽、厚等尺寸,贴片机就是根据它们的外观尺寸来识别、判定、贴装的。

片式电阻、电容、电感的封装见表2-2。

表 2-2

英制/in	公制/mm	长 L/mm	宽 W/mm
0201	0603	0.60±0.05	0.30±0.05
0402	1005	1.00±0.10	0.50±0.10
0603	1608	1.60±0.15	0.80±0.15
0805	2012/2125	2.00±0.20 2.00±0.20	1.20±0.15 1.25±0.15
1206	3216	3.20±0.20	1.60±0.15
1210	3225	3.20±0.20	2.50±0.20
1812	4532	4.50±0.20	3.20±0.20
2010	5025	5.00±0.20	2.50±0.20
2512	6432	6.40±0.20	3.20±0.20

1.钽电容

钽电容可分为 A、B、C、D、E、V 6 种封装,封装识别见图 2-1,封装方式见表 2-3。

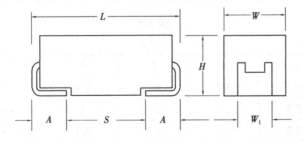

图 2-1

表 2-3

Code	EIA Code	$L(\pm0.20)$	$W(\pm0.20)$	$H(\pm0.20)$	$W_1(\pm0.20)$	$A(+0.30)$	S Min.
A	3216-18	3.20	1.60	1.80	1.20	0.80	1.80
B	3528-21	3.50	2.80	2.10	2.20	0.80	1.40
C	6032-28	6.00	3.20	2.80	2.20	1.30	2.90
D	7343-31	7.30	4.30	3.10	2.40	1.30	4.40
E	7343-43	7.30	4.30	4.30	2.40	1.30	4.40
V	7361-38	7.30	6.10	3.80	3.10	1.40	4.40

2.铝电容

铝电容封装识别见图 2-2,封装方式见表 2-4。

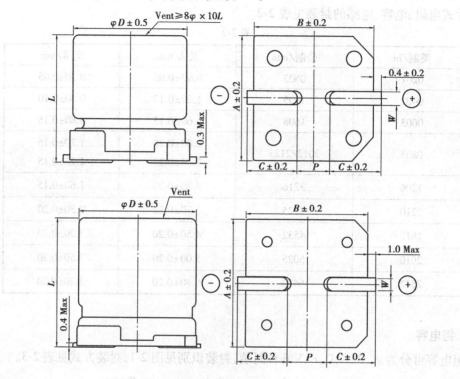

图 2-2

表 2-4

φD	$L\pm0.2$	A	B	C	W	$P\pm0.2$
3	5.3	3.3	3.3	1.5	0.45~0.75	0.8
4	5.3	4.3	4.3	2	0.5~0.8	1
5	5.3	5.3	5.3	2.3	0.5~0.8	1.5
6.3	5.3	6.6	6.6	2.7	0.5~0.8	2
6.3	7.7	6.6	6.6	2.7	0.5~0.8	2
8	10	8.4	8.4	3	0.7~1.1	3.1
8	10.3	8.4	8.4	3	0.7~1.1	3.1
10	10	10.4	10.4	3.3	0.7~1.1	4.7
10	10.3	10.4	10.4	3.3	0.7~1.1	4.7
12.5	13.5	13	13	4.8	1.1~1.4	4.4
12.5	16	13	13	4.8	1.1~1.4	4.4
16	16.5	17	17	5.8	1.1~1.4	6.4

3.功率电感

功率电感封装识别见图 2-3,封装方式见表 2-5。

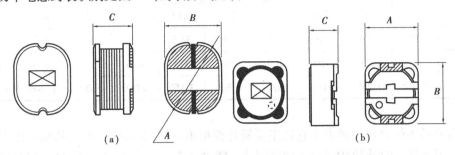

图 2-3

表 2-5

规　格	A/mm	B/mm	C/mm
SMD3521	3.5 ± 0.2	3.1 ± 0.2	2.1 ± 0.3
SMD4532	4.5 ± 0.2	4.0 ± 0.2	3.2 ± 0.3
SMD5845	5.8 ± 0.2	5.2 ± 0.2	4.5 ± 0.3
SMD7835	7.8 ± 0.2	7.0 ± 0.2	3.5 ± 0.3
SMD7850	7.8 ± 0.2	7.0 ± 0.2	5.0 ± 0.3
SMD1040	10 ± 0.2	9.0 ± 0.2	4.0 ± 0.3
SMD1054	10 ± 0.2	9.0 ± 0.2	5.4 ± 0.3
CDRH124	12.0 ± 0.3	12.0 ± 0.3	5.0 Max
CDRH125	12.0 ± 0.3	12.0 ± 0.3	6.2 Max
CDRH127	12.0 ± 0.3	12.0 ± 0.3	8.0 Max

活动三　精度等级划分

除了需要识别元件的外观、封装、值以外,还需要识别它的精度,所有元件的精度等级都大同小异,元件的精度代码见表 2-6。

表 2-6

允许误差/%	0.001	0.002	0.005	0.01	0.02	0.05	0.1	0.2
等级符号	E	X	Y	H	U	W	B	C
允许误差/%	0.5	1	2	5	10	20	30	+80−20
等级符号	D	F	G	J(I)	K	M	N	Z

电容耐压值的等级划分,见表 2-7。

表 2-7

代 码	A	B	C	D	E	F	G	H	I	J
0	1	1.25	1.6	2	2.5	3.15	4	5	6.3	8
1	10	12.5	16	20	25	31.5	40	50	63	80
2	100	125	160	200	250	315	400	500	630	800
3	1 000	1 250	1 600	2 000	2 500	3 150	4 000	5 000	6 300	8 000

电容的不同介质种类由于它的主要极化类型不一样,其对电场变化的响应速度和极化率也不一样,在相同的体积下的容量不同,随之带来的电容器的介质损耗、容量稳定性等也就不同。介质材料按容量的温度稳定性可以分为 3 类,见表 2-8。表 2-9 为片式元件主要的识别参照。

表 2-8

等 级	种 类	温定性
A	NPO/COG	好
B	X7R	中
C	Y5V/Z5U/X5R	差

表 2-9

项 目	封 装	值	精 度	方 向	耐 压	电 流	材 质
电阻	是	是	是	/	/	/	/
电容	是	是	是	是	是	/	是
电感	是	是	是	/	/	/	/
磁珠	是	是	是	/	/	/	/
保险丝	是	是	/	/	/	是	/
晶振	是	是	/	是	/	/	/
排插	是	是	/	是	/	/	/

活动四   外包装识别

所有元件的外包装上都会标有该元件的相关参数、数量、生产日期等,其中最重要的是料号与编码。常见片式元件包装见表 2-10 至表 2-12。

表 2-10

包装标示	对应物料包装
P/N:物料料号	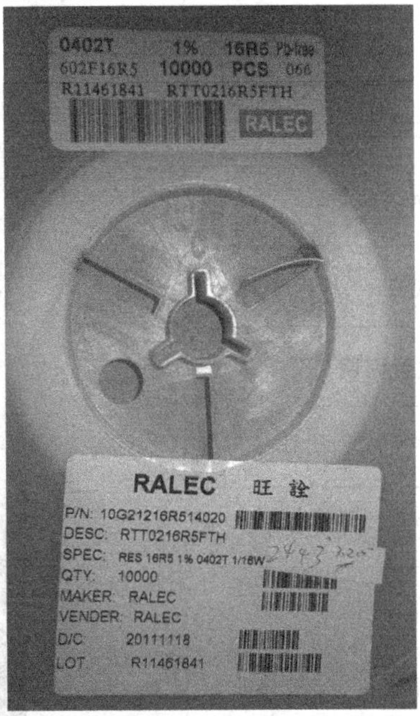
DESE:物料描述	
SPEC:物料规格	
QTY:数量	
MAKER:生产厂商	
VENDER:销售商	
D/C:生产周期	
LOT:生产批号	
Pb-free:环保物料	

表 2-11

包装标示	对应物料包装
P/N:物料料号	
SPEC:物料规格	
L/N:生产批号	
产地:物料产地	
MARKER:厂商标示	
VENDOR:供货商	
QTY:数量	
D/C:生产周期	
ROHS:环保物料	

表 2-12

包装标示	对应物料包装
Part Number：物料料号	
Reel ID：料盘编号	Part Number: 07G014260110 Reel ID： XXXD903339170026 DESC: POLYSWITCH SMD1812P260TFT SPEC： PTTC 2.6A/8V Date Code： 1337 Lot Code： DUFXMX Vendor : Everfuse Maker : PTTC Quantity :1500 EA Made In: China
DESC：物料描述	
SPEC：物料规格	
Date Code：生产周期	
Lot Code：生产批号	
Vendor：供货商	
Maker：生产商	
Quantity：数量	
Made In：原产地	

常见贴片电阻的编码规则见表 2-13。

表 2-13

	XXXX	X	X	X	XX	XXXX	L
RC	封装： 0201 0402 0603 0805	精度： F=1% J=5%	包装： R=纸编带	温度系数： －=根据规格书	编带大小： 07=7 in 10=10 in 13=13 in	阻值： 比如：5R6， 56R， 560R，	终端类型： L=无铅
例如：RC 0402 F R-07 56R L 表示：封装 0402,56 Ω,1%,7 in 编带,无铅产品							

贴片电容的编码规则见表 2-14。

表 2-14

C2012	X7R	1H	102	K	T	0000
封装规格： C1005：0402 C1608：0603 C2012：0805 C3216：1206 C3225：1210 C4532：1812 C5750：2220	材质： X5R Y5V X7R COG	额定电压： 0J：6.3 V 1A：10 V 1C：16 V 1E：25 V 1H：50 V	容值代码	公差范围： C：±0.25 pF D：±0.5 pF J：±5% K：±10% M：±20% Z：+80%～-20%	包装方式： T：编带包装 B：散包装	特殊代码： 工厂内部特 记代码
比如：C2012X7R102KT0000 表示 0805 规格，X7R 材质，50 V 额定电压，1nF 容值，10%公差，编带包装						

常见电感的编码规则见表 2-15。

表 2-15

CB	0603	Y	300	P	500
1	2	3	4	5	6
CB：叠层片式通用磁珠	封装尺寸	误差	阻抗	包装方式	额定电流
WI：绕线式晶片电感	0402	J：±5%	30 Ω	P：纸带	额定电流
HI：高频电感	0603	K：±10%		E：胶带	50 mA
MI：铁氧体片式电感器	0805	M：±20%			
CMI：共模电感	1206	Y：±35%			

功率电感的编码规则见表 2-16。

表 2-16

SPI	104R	T	470	M
1	2	3	4	5
屏蔽功率电感	封装尺寸	包装方式	电感量	误差
	SCDS103R	T：卷盘装		K：±10%
	SCDS104R			M：±20%
	SCDS105R			Y：±35%

知识拓展：怎样从保险丝的外观识别它的参数

熔断型贴片保险丝（贴片熔断器）与通常使用的保险丝功能基本相同，它在额定的电流下（电路正常时）能正常工作，当电路出现故障达到或超过熔断电流值时熔断，这可以避免故障进一步扩大，从而保护了电路。熔断型贴片保险丝的标示方法一般可分为直接标示法和代码标示法两种，而代码标示法又可细分为字母（或数字）标示法与图形标示法两类。

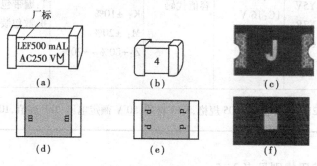

图 2-4

图 2-4（a）中的贴片保险，将主要特性参数直接标注在元件正面，称为直接标示法，简称直标法。其中，F 说明为快速熔断型，500 mA 是额定电流，字母 L 表示低分断型；下面一行为额定电压交流 250 V，最后那个图形标志表示产品符合 IEC（国际电工委员会）普通保险丝的标准。图（b）是直标法的另一例，由于体积小，元件正面仅标示额定电流值（单位：A）。图 2-4（b）的贴片保险额定电流为 4 A，也有标注为 1、1.25、1.5 的等共十余个型号。

图 2-4（c）的贴片保险丝，元件上面仅印一个大写字母（图中为 J），字母（代码）与额定电流的对应关系参见表 2-17。

表 2-17

代码	B	C	D	E	F	G	H	J	K	L	N	O	P	S	T
额定电流	0.125	0.2	0.25	0.375	0.5	0.75	1	1.25	1.5	1.75	2	2.5	3	4	5

图 2-4（d）的贴片保险丝，元件上面印着两个相同的小写字母，且"头对头"地排列着（图中为 m），字母（代码）与额定电流的对应关系参见表 2-18。

表 2-18

代码	e	f	g	h	i	k	m	n	q	r	s	t
额定电流	0.5	0.63	0.8	1	1.25	1.6	2	2.5	3.15	4	5	6.3

图 2-4（e）的贴片保险丝，元件上面印着 4 个相同的小写字母，且两两"头对头"排列（图中为 pp），字母（代码）与额定电流的对应关系参见表 2-19。

表 2-19

代　码	mm	nn	oo	pp	qq	rr	ss
额定电流	7	8	10	12	15	20	25

自恢复保险丝的主要特性参数如下：

①保持电流 I_H：最大允许不触发电流，它相当于熔断式保险丝的额定电流。

②触发电流 I_T：最小动作电流，相当于熔断式保险丝的熔断电流，只是它"触发"后变为高电阻，而不是熔断。

③最大工作电压 V_{max}：最大允许电源电压(直流)，相当于熔断式保险丝的额定电压。

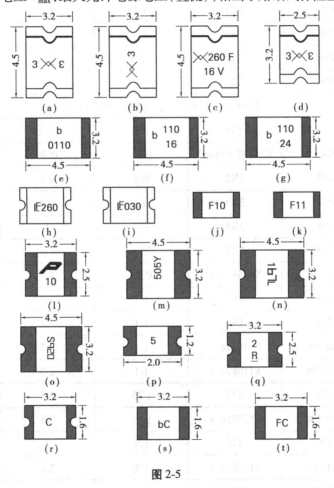

图 2-5

【例1】　图 2-5(a)—(d)是计算机主板中常见的一类 PPTC 自恢复保险丝，主体为绿色或墨绿色。其中都有一个类似字母"X"的图形，那是厂家 TYCO 公司的厂标。如见到类似于上述图中的代码，可首先由它的尺寸根据表 2-20 判断它所属的系列，再从系列中找到与待查贴片代码相同的项，其对应型号与参数即可求得。

表 2-20

型　号	代　码	保持电流 I_H/A	触发电流 I_T/A	最大电压 V_{max}/V
MicroSMD 系列（尺寸：3.2 mm×2.5 mm）				
MicroMD005F	X05	0.05	0.15	30
MicroMD010F	X10	0.1	0.25	30
MicroMD035F	3X3	0.35	0.75	6
MicroMD050F	X50	0.5	1	13.2
MicroMD075F	X75	0.75	1.5	6
MicroMD110F	X11	1.1	2.2	6
MicroMD150F	X15	1.5	3	6
MicroMD175F	X17	1.75	3.5	6
MicroMD200F	X20	2	4	6
MiniSMDC 系列（尺寸：4.5 mm×3.2 mm）				
MiniSMDC010F	X10	0.1	0.3	60
MiniSMDC014F	X14(或 14×14)	0.14	0.28	60
MiniSMDC020F	2X2	0.2	0.4	30
MiniSMDC030F	3X3	0.3	0.6	30
MiniSMDC050F	5X5	0.5	1	24
MiniSMDC075F	7X7	0.75	1.5	13.2
MiniSMDC075F/24	X075F24 V	0.75	1.5	24
MiniSMDC100F	1X1	1.1	2.2	8
MiniSMDC110F	1X1	1.1	2.2	8
MiniSMDC110F/16	X110F16 V	1.1	2.2	16
MiniSMDC110F/24	X110F24 V	1.1	2.2	24
MiniSMDC125F	X12	1.25	2.5	6
MiniSMDC125F/16	X125F16 V	1.25	2.5	16
MiniSMDC150F	X15	1.5	3	6
MiniSMDC150F/12	X150F12 V	1.5	2.8	12
MiniSMDC150F/16	X150F16 V	1.5	2.8	16
MiniSMDC150F/24	X150F24 V	1.5	3	24
MiniSMDC160F	X16	1.6	3.2	9

续表

型　号	代　码	保持电流 I_H/A	触发电流 I_T/A	最大电压 V_{max}/V
MiniSMDC200F	X20	2	4	8
MiniSMDC260F	X260F(或 X26)	2.6	5	6
MiniSMDC260F/12	X260F12 V	2.6	5	12
MiniSMDC260F/13.2	X260F13 V	2.6	5	13.2
MiniSMDC260F/16	X260F16 V	2.6	5	16
MiniSMDC300F	X30(或 X3)	3	6	6
MiniSMDE 系列(尺寸:11.5 mm×5.0 mm)				
MiniSMDE190F	19X19	1.9	3.8	16

【例2】　图 2-5 中(e)—(g)为 PPTC 自恢复保险丝,主体为绿色。其中代码前面都有一个小写字母"b",它是厂家 BEL 公司的厂标;代码代表的参数见表 2-21 所示。

【例3】　图 2-5 中(h)、(i)PPTC 自恢复保险丝,主体为墨绿色,代码为 3 位数字。代码前面都有大写字母"L"与"F"叠加在一起的符号,它是厂家 LITTLEFUSE 公司的标志。为压缩篇幅,没有列出其型号、代码及主要参数对照表,可直接从表 2-22 中来查 3 位数字代码与保持电流的对应关系。

表 2-21

型　号	代　码	保持电流 I_H/A	触发电流 I_T/A	最大电压 V_{max}/V
OZCC0014FF2C	14	0.14	0.3	60
OZCC0020FF2C	20	0.2	0.4	30
OZCC0035FF2C	35	0.35	0.7	16
OZCC0050FF2C	50	0.5	1	16
OZCC0075FF2C	75	0.75	1.5	16
OZCC0075AF2B	075/24	0.75	1.5	24
OZCC0075BF2B	075/33	0.75	1.5	33
OZCC0110FF2C	110	1.1	2.2	8
OZCC0110AF2C	110/16	1.1	1.95	16
OZCC0110BF2B	110/24	1.1	2.2	24
OZCC0125FF2C	125	1.25	2.5	6
OZCC0150FF2C	150	1.5	3	6
OZCC0150AF2C	150/12	1.5	3	12
OZCC0150BF2C	150/24	1.5	3	24

续表

型　号	代　码	保持电流 I_H/A	触发电流 I_T/A	最大电压 V_{max}/V
OZCC0160FF2C	160	1.6	3.2	6
OZCC0160AF2C	160/12	1.6	3.2	12
OZCC0160BF2C	160/24	1.6	3.2	16
OZCC0200FF2C	200 A	2	3.5	8
OZCC0260FF2C	260	2.6	5	6
OZCC0260AF2B	260/13	2.6	5	13.2
OZCC0260BF2B	260/16	2.6	5	16
OZCC0300FF2B	300	3	5	6

表 2-22

型　号	代　码	保持电流 I_H/A	触发电流 I_T/A	最大电压 V_{max}/V
FSMD005-1210	5	0.05	0.15	60
FSMD010-1210	10	0.1	0.25	60
FSMD020-1210	20	0.2	0.4	30
FSMD035-1210	35	0.35	0.7	16
FSMD050-1210	50	0.5	1	16
FSMD075-1210	75	0.75	1.5	8
FSMD110-1210	11	1.1	2.2	6
FSMD150-1210	15	1.5	3	6
FSMD175-1210	17	1.75	4	6
FSMD200-1210	21	2	4	6

【例4】　两位数字代码的 PPTC 自恢复保险丝见表2-23所示。3位与4位数字代码一般都与保持电流的数值相对应，所以较易识读。而两位数字代码要做到这种对应关系就困难了。所以有的厂家就将代码的"大小"关系打破，有的厂家干脆在系列产品中插进几个3位代码。

图 2-5(l) 为 PPTC 自恢复保险丝，主体为黑色或墨绿色。代码上面有个大写字母"P"，它是厂家 POLYTRONICS 公司的标志。

图 2-5(m) 为 PPTC 自恢复保险丝，主体为棕色或棕黑色，两端镀成金黄色，上面标有字符"503Y"。这是 BOURNS 公司 MF-MSMF 系列的产品。根据厂家说明，字符"503Y"的前面两个数字(50)代表型号，称为主代码；第3个数字代表出厂年份；第4个字符为大写字母，说明出厂的时间是上述年份的第几周(一个字母代表两周)。

图 2-5(n) 与 (o) 的贴片 PPTC 也属 MF-MSMF 系列。乍一看，上面标注的4个字符不

知从哪一边开始识读,但只要记住"前3个为数字,最后为大写字母"就能正确识读。

表 2-23

型 号	代 码	保持电流 I_H/A	触发电流 I_T/A	最大电压 V_{max}/V
SMD1210P005TF	5	0.05	0.15	30
SMD1210P010TF	10	0.1	0.3	30
SMD1210P020TF	2	0.2	0.4	30
SMD1210P035TF	3	0.35	0.7	6
SMD1210P050TF	5	0.5	1	13.2
SMD1210P075TF	7	0.75	1.5	6
SMD1210P075TF/24	75	0.75	1.5	24
SMD1210P110TFT	10	1.1	2.2	8
SMD1210P150TFT	15	1.5	3	6
SMD1210P175TF	17	1.75	3.5	6
SMD1210P200TF	20	2	4	6
SMD1210P260TF	26	2.6	5	6

【例5】 1 位数字(或字母)代码的 PPTC 自恢复保险丝见表 2-24 所示。图 2-5(p)所示的 PPTC 自恢复保险丝,主体为棕色,两端镀成金黄色,上面仅标 1 个数字"5",这是 SEA&LANG 公司 SMD0805 系列的产品。图 2-5(q)所示的 PPTC 自恢复保险丝,主体也为棕色,两端镀成金黄色,上面标有 1 个数字"2"和 1 个大写字母"R",表示这是 BOURNS 公司 MF-USMF 系列的产品。根据厂家说明,上方的数字代表型号,为主代码;下方的字母为出厂日期(第几周),具体含义可参照例3。

表 2-24

型 号	代 码	保持电流 I_H/A	触发电流 I_T/A	最大电压 V_{max} V
SMD0805-010	1	0.1	0.3	15
SMD0805-020	2	0.2	0.5	6
SMD0805-035	3	0.35	0.75	6
SMD0805-050	5	0.5	1	6
SMD0805-075	7	0.75	1.5	6
SMD0805-100	0	1	1.95	6

表 2-25

型　号	代　码	保持电流 I_H/A	触发电流 I_T/A	最大电压 V_{max}/V
MF-USMF005	0	0.05	0.15	30
MF-USMF010	1	0.1	0.3	30
MF-USMF020	2	0.2	0.4	30
MF-USMF035	3	0.35	0.75	6
MF-USMF050	4	0.5	1	13.2
MF-USMF075	5	0.75	1.5	6
MF-USMF110	6	1.1	2.2	6
MF-USMF150	8	1.5	3	6
MF-USMF175X	9	1.75	3.5	6

【例6】 图 2.5(r) 所示的 PPTC 自恢复保险丝,主体为绿色或墨绿色,上面仅标 1 个字母(C),表示这是 LITTLEFUSE 公司 1206L 系列的产品,见表 2-25 所示。

学习评价

评价项目	评价权重	评价内容		评分标准/分	自评	互评	师评
学习态度	20%	出勤与纪律	A.出勤情况 B.课堂纪律	10			
		学习参与度	团结协作、积极发言、认真讨论				
		任务完成情况	A.技能训练任务 B.其他任务	10			
专业理论	30%	能说出片式元件的定义和分类	片式元件的分类	10			
			片式元件的外观标示方式	10			
			片式元件的封装方式	10			
专业技能	40%	能按给出的片式元件包装说出其名称	看片式元件包装,准确说出其主要参数	20			
		能目测出不同规格的片式元件封装	能准确分出 10 只不同规格的片式元件并写出其封装尺寸	20			
职业素养	10%	注重文明、安全、规范操作;善于沟通、爱护财产、注重节能环保		10			
综合评价							

任务二 识别晶体管

任务描述

在电子产品生产过程中，除了片式元件就是晶体管使用得最频繁。晶体管种类虽多，但它们的参数要求基本一致，只有清楚地了解了这些元件的各项特征，才能在生产过程中准确地使用。

任务分析

晶体管常被称为二极管、三极管等。本任务通过实物和图片来分辨它们的各项参数。

任务实施

活动一 外观识别

SMT 常用晶体管见表2-26。

表 2-26

种 类	图 片	类 型	代 号	极 性	文字面
二极管		MELF(圆形玻璃)	D	特殊面为负极	/
		SOD123	D	特殊面为负极	型号代码
		LED	D	特殊面为负极	/
		SMA SMB SMC	D	特殊面为负极	型号名

续表

种　类	图　片	类　型	代　号	极　性	文字面
三极管（小型）		SOT23-3L	D/Q	有	型号代码
		SOT23-4L	D/Q	大脚为接地脚	型号代码
		SOT23-5L	D/Q	有二脚或三脚之分	型号代码
		SOT23-6L	D/Q	正面为文字处理面，圆点标示方向	型号代码
中型晶体管		SOT89-3L	Q/U	大脚为接地脚	型号名
		SOT89-5L	Q/U	大脚为接地脚	型号名
		SOT223	Q/U	有，大脚为方向	型号名
大型晶体管		SOT252(2L)	Q/U	大脚为接地脚	型号名
		SOT263(5L)	Q/U	大脚为接地脚	型号名

活动二 封装识别

元件的外形越大,它们封装尺寸的误差也就越大,在实际生产过程中,对大型元件的封装尺寸往往要根据实物来测量,以便设备能正确识别。

1.二极管封装

LED、SOD123 封装与片式元件封装一致。玻璃二极管常见封装尺寸见表 2-27:

表 2-27

长/mm	宽/mm	厚/mm
4.8	1.4	1.4

2.三极管封装

常见的三极管封装有两种,见表 2-28。

表 2-28

种 类	长/mm	宽/mm	厚/mm
SOT23(2913)	2.9	1.3	0.9
SOT23(2916)	2.9	1.6	1.1

活动三 外包装识别

对于晶体管的外包装,必须能准确、快速地识别出元件的品名、封装方式、生产周期、生产批号、生产材质等信息,见表 2-29。

表 2-29

晶体管包装图	识别内容
	PART NO:品名; PKG:封装方式; LOT NO:生产批号; RANGE:属性; QTY:数量; DATE:生产周期; ⃠GP:无铅材质。

学习评价

评价项目	评价权重	评价内容		评分标准/分	自评	互评	师评
学习态度	20%	出勤与纪律	A.出勤情况 B.课堂纪律	10			
		学习参与度	团结协作、积极发言、认真讨论				
		任务完成情况	A.技能训练任务 B.其他任务	10			
专业理论	30%	能说出贴片晶体管元件的定义和分类	贴片晶体管元件的分类	10			
			贴片晶体管外观标示方式	10			
			贴片晶体管封装方式	10			
专业技能	40%	能按给出的贴片晶体管元件包装说出其辨识参数	看贴片晶体管元件包装,准确说出其主要参数	20			
		能目测出不同规格的贴片晶体管元件封装	能准确分出 10 只不同规格的贴片晶体管并写出其封装尺寸	20			
职业素养	10%	注重文明、安全、规范操作;善于沟通、爱护财产、注重节能环保		10			
综合评价							

任务三　识别集成电路

任务描述

在电子产品生产过程中,集成电路是最精密、最贵重的元件。集成电路的种类较少,我们必须清楚地认识这些元件的各项特征,才能在生产过程中正确地使用它们。

任务分析

集成电路常称为芯片(IC),它们都是有性极元件,基本上可以用脚的形状来分类,如SOP、QFP、BGA 等。本任务通过实物和图片来认识它们的各种形状和各项参数。

任务实施

活动一　外观识别

常见集成电路外观的识别见表 2-30。

表 2-30

类　型	图　片	特　征	极性标示	文字面组成
SOP/SOIC		小外形封装。表面贴装型封装之一,引脚从封装两侧引出呈海鸥翼状(L 字形)	正面圆点	厂商/品名/生产周期等
QFP		四侧引脚扁平封装。表面贴装型封装之一,引脚从 4 个侧面引出,呈海鸥翼(L)形	极性标示与 SOP 相似	型号/厂商/产地/批号/周期/(I/O 型 QFP 还有版本)等
QFN		四周无引脚,扁平封装。表面贴装型封装之一	与 QFP 相似	与 QFP 相似
BGA		球形触点阵列,表面贴装型封装之一	常以正面圆点和金手指代表极性	与 QFP 相似
LGA		触点阵列封装,即在底面制作有阵列状态坦电极触点的封装,以 CPU 或 CPU 座最为常见	外形结构代表方向	型号/厂商/生产周期

活动二　封装识别

　　企业生产中,常见的引脚型集成电路封装主要有 SOP8(图 2-6)、SOP14(图 2-7)、QFP48(图 2-8)、QFP128(图 2-9)、QFN24(图 2-10)、QFN32(图 2-11)等。

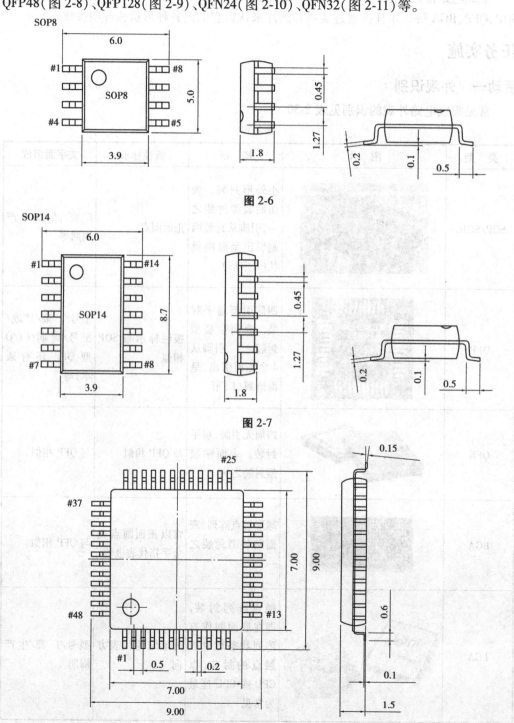

图 2-6

图 2-7

图 2-8

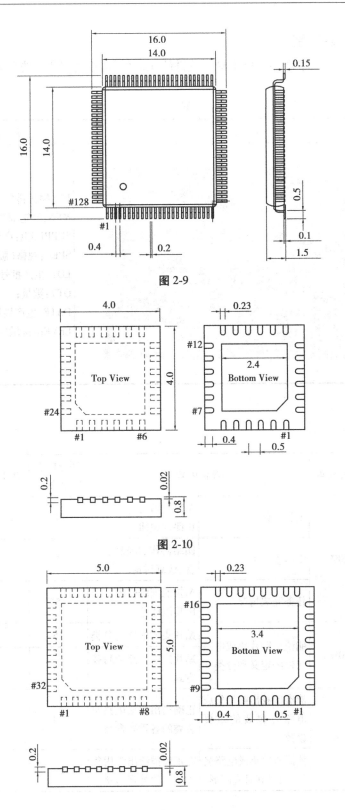

图 2-9

图 2-10

图 2-11

活动三　外包装识别

集成电路作为电子产品组成中最为关键的元器件,可以通过以下方法进行有效辨识,见表2-31。

表 2-31

图　片	辨识方式
	PN:物料料号; MPN:制造商物料号; SUPPLIER:产地代码; SPEC:规格(版本); LOT:生产批号; QTY:数量; DATE:生产周期; LEVEL:湿敏等级。

学习评价

评价项目	评价权重	评价内容		评分标准/分	自评	互评	师评
学习态度	20%	出勤与纪律	A.出勤情况 B.课堂纪律	10			
		学习参与度	团结协作、积极发言、认真讨论	5			
		任务完成情况	A.技能训练任务 B.其他任务	5			
专业理论	30%	能说出贴片集成电路元件的定义和分类	贴片集成电路的分类	15			
			贴片集成电路的封装方式	15			
专业技能	40%	能准确找出贴片集成电路外包装的重要参数	正确指出集成电路包装袋的各重要参数	20			
		依据所给集成电路名称,画出其对应图形	能正确描绘出常用集成电路的外观形状	20			

续表

评价项目	评价权重	评价内容	评分标准/分	自评	互评	师评
职业素养	10%	注重文明、安全、规范操作;善于沟通、爱护财产、注重节能环保	10			
综合评价						

任务四　PCB 的使用

任务描述

PCB 可按拼板数、图形层数、材质、表面镀层来分类,而表面镀层的不同直接影响其使用方法。

任务分析

PCB 表面镀层常见的有喷锡、镀金、镀银和化学保护膜等,镀层的厚度、熔点、高污染和导电性的不同会导致其使用时会有不同的用法,我们通过各种表面镀层的比较来学会它们的使用方法。

任务实施

活动一　外观识别

在实际电子生产中,PCB 是最为重要的生产材料,可通过表 2-32 来进行外观认识。

表 2-32

项　目	图　片	作　用	特　征
品名	 DAHUA-DISP0503(SJ)V1.1 20090602	PCB 规格识别	须包含 PCB 生产厂商、品名、版本、生产周期、制程状态等内容

续表

项　目	图　片	作　用	特　征
线路		元件间的连通	
阻焊		对线路等进行保护	常见的有绿、红、黑等颜色
通孔	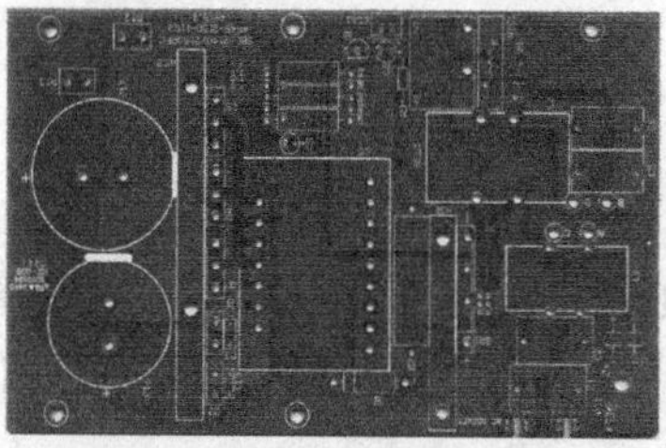	将不同层次的线路进行连通	通常为 DIP 元件插件孔
丝印	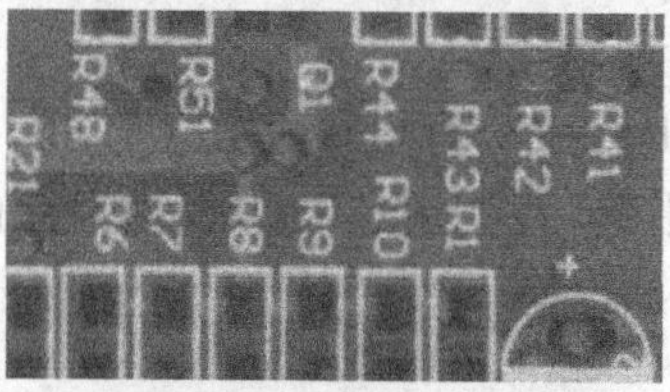	元件位置及极性标示	
焊盘		元件贴放位置标尺	与元件相似
MARK 点	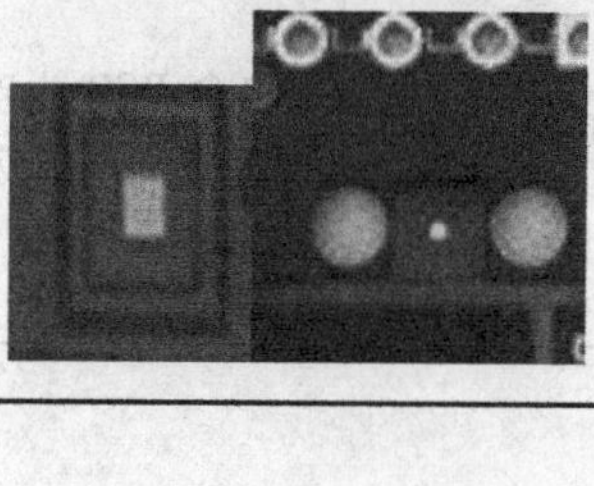	设备光学定位的参考点	常见的有圆形、方形，以 1 mm 居多

PCB 丝印的极性识别见表 2-33。

表 2-33

图　片	元件种类	表示方法
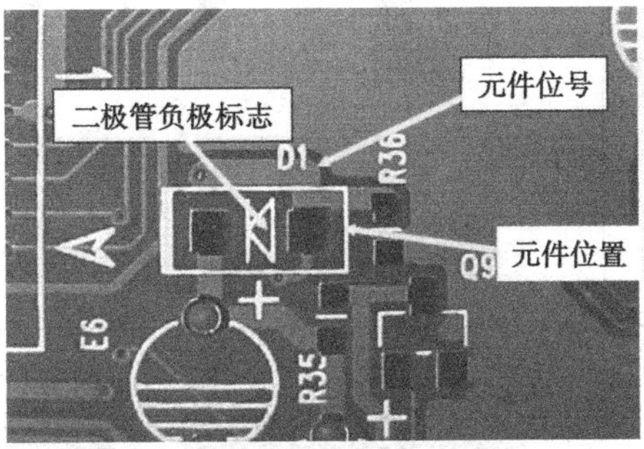 二极管负极标志　元件位号　元件位置	二极管	加粗,负极
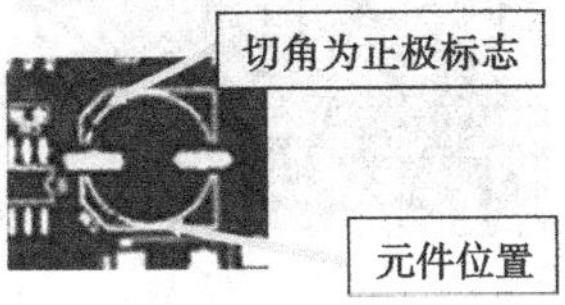 切角为正极标志　元件位置	铝电容	切角,正极
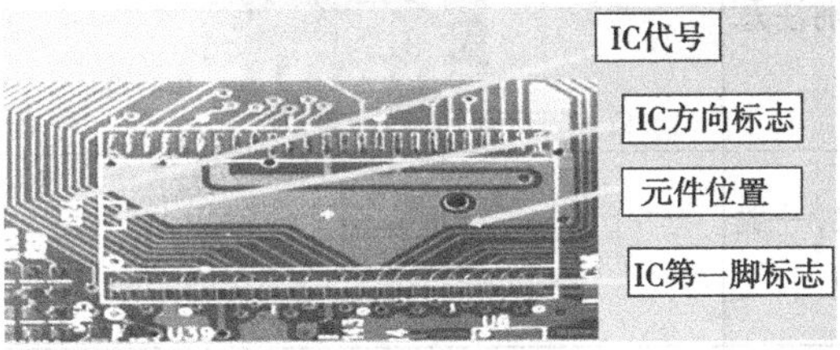 IC代号　IC方向标志　元件位置　IC第一脚标志	IC	切角、箭头、缺口、圆点、数字"1",代表方向,第 1 只引脚

SMT 对 PCB 的要求见表 2-34。

表 2-34

项　目	内　容	图　片
尺寸	根据设备要求,一般最大为 400 mm × 400 mm 左右,最小为 50 mm×50 mm 左右	
拼板	对小于 100 mm×100 mm 的 PCB 建议拼板,以提高生产效率	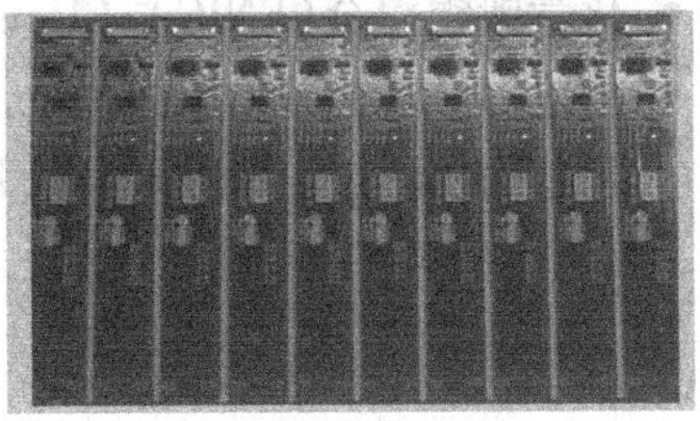

续表

项　目	内　容	图　片
MARK	对应角各一个且图形须完全一样,5 mm内无任何焊盘、线路,距板边不得少于4 mm,两个点不能对称	
板边	长方向上下必须有 5 mm 的板边	
钢性	过炉不变形,板边夹紧不变形,特别注意板边、拼板、邮票孔的连接部位	
平整度	根据贴装元件精密度、大小来要求,一般翘起不超过对角线长度的 0.75%	

活动二　表面镀层区分

PCB 的表面处理技术一般分电镀与化学镀两种。在现在的市场上,适合用在线路板上细小引脚的 QFP/BGA 装置主要有 5 种表面处理:

- 化学浸锡(Immersion TIN Sn)
- 化学浸银(Immersion Silver Ag)
- 有机焊锡保护剂(OSP):Organic Solderability Preservatives
- 化学镀镍浸金(ENIG):Electroless Nickel Immersion Gold
- 喷锡(HASL):Hot Air Solder Levelling

前期使用的基本上都为 HASL,目前使用最多的是 OSP,ENIG 使用在按键板、卡板上较多,表 2-35 是其各自特性。

表 2-35

特　性	ImSn（化学浸锡）	ImAg（化学浸银）	OSP（有机焊接保护剂）	ENIG（化学镀镍浸金）	HASL（喷锡）
耐储时间（在控制条件下）	3~6 月	<12 月	3~6 月	>12 月	>12 月
拆包后焊接时间/h	24	24	24	24	48
装贴面平整性	平	平	平	平	差
焊锡面抗污染	差	差	差	良	良
焊点可靠度	中	良	优	差	优
多重再流焊	良	良	中	优	优
与元件接触的导电性	良	良	良	优	良
测试点	可	可	不可	可	可
使用清洗助焊剂	无影响	无影响	有影响	无影响	无影响
封装后的腐蚀	不会	不会	会	不会	不会
镀层厚度/μm	0.8~1.2	0.05~0.2	0.2~0.5	0.05~0.2	1~25

活动三　使用 PCB

1.OSP

OSP（Organic Solderability Preservative,简称 OSP）是有机助焊保护膜技术。它是通过将裸铜印制板浸入一种水溶液中,通过化学反应在铜表面形成一层厚度为 0.2~0.5 μm 的憎水性有机保护膜。这层膜能保护铜表面避免氧化,有助焊功能,对各种焊剂兼容并能承受 3 次以上热冲击。其应用已日益广泛,成为热风整平工艺的替代工艺。OSP 工艺的特点:

①表面均匀平坦,膜厚 0.2~0.5 μm,适于 SMT 装联,适于细导线、细间距印制板的制造;

②水溶液操作,操作温度在 80 ℃以下,不会造成基板翘曲;

③膜层不脆,易焊,与任何焊料兼容并能承受 3 次以上热冲击;

④避免了生产过程的高温、噪声和火警隐患;

⑤操作成本比热风整平工艺低 25%~50%;

⑥保存期可达 1 年,并且易于返修。

2.ENIG

ENIG 的全称是 Electroless Nickel Immersion Gold,中文称为化学镀镍浸金、化学镍金、化镍金或者沉镍金。它主要用于电路板的表面处理,用来防止电路板表面的铜被氧化或腐蚀。因成本过高,其现在主要用于焊接及应用于接触(例如按键、内存条上的金手指等)。ENIG 工艺的特点是:

①表面平整(相对喷锡等);

②可焊、可打线(金线、铝线),散热性好;

③存放时间长(真空包装1年以上);

④SMT制程耐多次回流焊,可重工多次。

⑤普通板镍厚一般为120~200u"*,金厚1~5u";化镍金邦定板邦金线一般金厚10u"以上,镍厚150u"以上。

3.PCB 使用流程

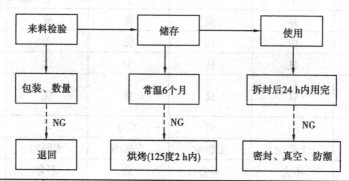

评价项目	评价权重	评价内容		评分标准/分	自评	互评	师评
学习态度	10%	出勤与纪律	A.出勤情况 B.课堂纪律	5			
		学习参与度	团结协作、积极发言、认真讨论				
		任务完成情况	A.技能训练任务 B.其他任务	5			
专业理论	40%	能说出 OSP 的表面处理方式	列举出至少 4 种 PCB 常见表面处理方式	15			
		能主出 OSP 印制线路板的特性	说出 OSP 印制线路板的存储特性	25			
专业技能	40%	能在 PCB 上找出其对应的主要参数	在 PCB 上找出其主要辨识参数	20			
		能画出 OSP 印制线路板的使用流程	画出 OSP 印制线路板的使用流程	20			
职业素养	10%	注重文明、安全、规范操作;善于沟通、爱护财产、注重节能环保		10			
综合评价							

---

* u"是镀层方面的厚度单位,1u"=10^{-6} in。

任务五　湿敏元件的处理

任务描述

MSD(Moisture Sensitive Devices)即潮湿敏感器件。其工作原理是由于塑料封装的器件在潮湿环境中容易吸收水分,塑料内吸收的水分在高温条件下气化膨胀,从而引起器件分层或内部损坏。此类元件在储存和使用方面有严格的温湿度和使用时间的要求。

任务分析

MSD元件一般是指IC和PCB类的物料,它们分成很多个等级,每个等级的储存、使用都不相同。本任务通过每个等级的特点来认识MSD元件的储存、使用方法。

任务实施

活动一　MSD区分

顾名思义,湿敏元件是指对空气中的水分较敏感的元器件,主要有以下标示:

● 警告标示(CAUTION),包含:雨点标示、湿敏等级(LEVEL)、保存环境、使用期限、处理方式等,见图2-12。

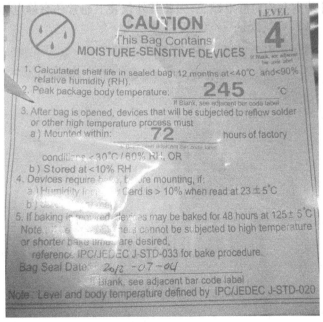

图 2-12

- 湿度标示卡：MSD元件须在包装袋内放置湿度标示卡，见图2-13。

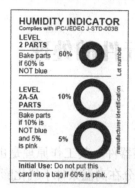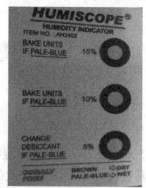

图 2-13

- 干燥剂：MSD元件包装内还应有干燥剂，见图2-14。

图 2-14

- MSD元件基本上均对静电敏感，因此其外包装上通常还有静电标示，见图2-15。

图 2-15

活动二 MSD 等级划分

MSD 元件有等级区分,不同等级其敏感度不一样,在使用和储存上也不同,具体见表 2-36。

表 2-36

潮湿敏感等级(MSL)	车间寿命要求(Floor Life)	
	时间	环境条件
1	无限制	≤30 ℃/85%RH
2	1 a	≤30 ℃/60%RH
2a	4 周	≤30 ℃/60%RH
3	168 h	≤30 ℃/60%RH
4	72 h	≤30 ℃/60%RH
5	48 h	≤30 ℃/60%RH
5a	24 h	≤30 ℃/60%RH
6	使用前必须进行烘烤,并在警告标签规定的时间内焊接完毕	≤30 ℃/60%RH

- MSL(Moisture Sensitive Level):潮湿敏感等级,指 MSD 对潮湿环境的敏感程度。
- 仓储寿命(Shelf Life):指干燥包装的潮湿敏感器件能够储存在没有打开的内部环境湿度符合要求的湿气屏蔽包装袋中的最短时间。
- 车间寿命(Floor Life):指湿度敏感器件从湿度屏蔽包装袋中取出或干燥储存或干燥烘烤后到过回流焊接前的时间。

活动三 MSD 失效判定

MSD 元件通常根据拆封时间和其自带的湿度标示卡(图 2-16)来判定其是否失效(见表 2-37)。MSD 元件均为真空包装,拆封后不可能一次性使用完,为保证使用品质,通常会以拆封标示卡进行追踪。

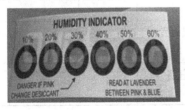 

图 2-16

表 2-37

	2%RH	5%RH	10%RH	55%RH	60%RH	65%RH
5%	蓝色(干)	淡紫色	粉红色(湿)	粉红色(湿)	粉红色(湿)	粉红色(湿)
10%	蓝色(干)	蓝色(干)	淡紫色	粉红色(湿)	粉红色(湿)	粉红色(湿)
60%	蓝色(干)	蓝色(干)	蓝色(干)	蓝色(干)	淡紫色	粉红色(湿)

活动四　MSD 失效处理

　　2 级以上 MSD,若超过包装拆封后存放条件及车间寿命要求,或密封包装下存放时间过长(见警告标签上密封日期及存放条件,如果湿度指示卡指示袋内湿度已达到或超过需要烘烤的湿度界限)或存放、运输器件造成密封袋破损、漏气使器件受潮,要求回流焊前必须进行烘烤。

　　对于受潮 MSD,一般可按照厂家原包装袋上警告标签中的烘烤条件进行烘烤。对于厂家没有相应要求的,推荐采用高温烘烤(125 ℃/24 h)的方法。如果 MSD 载体(如卷盘、管装)不能承受 125 ℃ 高温,建议使用高温载体进行替换。MSD 载体替换过程中注意防止器件 ESD 损伤。一般 MSD 烘烤处理不建议使用低温烘烤条件。

　　①用于烘烤的烘箱要求通风以及能够在湿度小于 5% 的条件下维持要求的温度。

　　②如果制造厂家没有特别声明,在高温载体内运输的表贴元件可在 125 ℃ 条件下烘烤。

　　③在低温载体内运输的表贴元件不可以在温度高于 40 ℃ 条件下烘烤。如果使用较高温度的烘烤,则应将低温载体撤去,换上耐高温的载体。

　　④纸或塑料载体(比如纸盒、气泡袋、塑料包裹等)在烘烤之前应先将其撤离,橡胶带或塑料托盘在 125 ℃ 烘烤时也应撤离。

学习评价

评价项目	评价权重	评价内容		评分标准/分	自评	互评	师评
学习态度	10%	出勤与纪律	A.出勤情况 B.课堂纪律	5			
		学习参与度	团结协作、积极发言、认真讨论				
		任务完成情况	A.技能训练任务 B.其他任务	5			

续表

评价项目	评价权重	评价内容		评分标准/分	自评	互评	师评
专业理论	40%	能说出 MSD 元件的等级区分	说出 MSD 元件的等级区分标准	20			
		能说出 MSD 元件的失效判定	说出各等级 MSD 元件的失效标准	20			
专业技能	40%	能对应 MSD 元件外包装辨识湿度标示卡	正确辨识湿度标示卡	20			
		能正确处理失效 MSD 元件	说出 MSD 元件失效处理方式	20			
职业素养	10%	注重文明、安全、规范操作;善于沟通、爱护财产、注重节能环保		10			
综合评价							

技能训练

1.填空

(1)在工作中,我们最常使用的贴片元件有_____、_____、_____等几大类。

(2)PCB 的全称是:_____ _____ _____,中文意思是_____。

(3)PCB 常用_____、_____、_____、_____ 4 种方式对表面镀层进行处理。

(4)贴片电容可分为:_____、_____、_____、_____等几种。

2.将图 2-17 所示线路板上的元件进行归类区分。

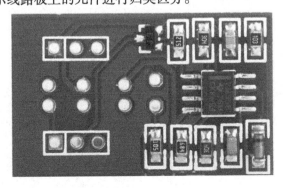

图 2-17

3.图 2-18 为一物料的包装图,请写出你对该物料的辨识内容。

图 2-18

4.现有一片 OSP 型 PCB(见图 2-19),你将如何对该 PCB 进行使用,并说明选择如此使用的原因?

图 2-19

项目三

印 刷

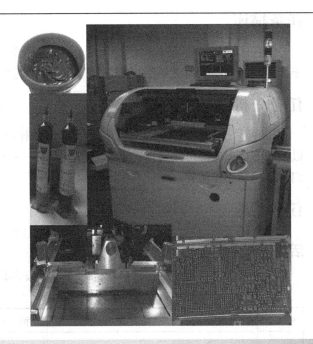

【知识目标】

● 能掌握锡膏的特性和存储条件；
● 能掌握钢网对SMT印刷的作用；
● 能判定印刷质量标准。

【技能目标】

● 能正确利用锡膏和钢网；
● 能进行印刷不良原因分析；
● 能完成DEK265全自动印刷机的操作；
● 能完成DEK265全自动印刷机的日常保养。

任务一　印刷机的认识

任务描述

锡膏印刷是 SMT 最关键的工序之一,其印刷质量直接影响到产品品质。随着现代电子产品精度和品质需求不断提高,SMT 印刷技术逐渐在电子生产企业中起决定性作用。

任务分析

印刷是 SMT 生产的第一道工序。在实际工作中我们发现,SMT 生产过程中至少 50% 以上的不良现象都可以通过改良印刷段来改善。本任务将从印刷机的不同分类来介绍它们的结构和工作流程。

任务实施

活动一　了解印刷机的分类

在 SMT 生产工艺中,表面印刷机的分类见表 3-1。

表 3-1

种　类	图　片	速　度	精　度	印刷质量	定位方式	PCB 尺寸
手动印刷台		快	低(1.0 mm 间距以上)	低	手动	小
半自动印刷机		快	中(0.65 mm 间距以上)	中	定位孔	小

续表

种　类	图　片	速　度	精　度	印刷质量	定位方式	PCB 尺寸
全自动印刷机	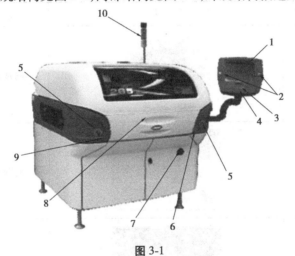	慢	高(0.5 mm 间距以下)	高	光学自动对中	50~400 mm

活动二　了解印刷机的结构

　　手动与半自动印刷机的结构相对简单,下面重点来了解全自动印刷机的结构。以 DEK265 为例,其外观结构见图 3-1,内部结构见图 3-2,外观结构描述见表 3-2。

图 3-1

表 3-2

代　号	部　位	作　用
1	显示屏	程序参数,产品信息的显示
2	JOG BUTTON	配合执行一些动作
3	触屏控制键	操作菜单
4	系统键	系统准备
5	急停开关	防止意外,紧急停止
6	静电接口	设备静电接地
7	主电开关	电源开关
8	机器前盖	防尘、安全隐患
9	锡膏滚动开关	检查锡膏使用情况
10	灯塔	设备运行状态显示

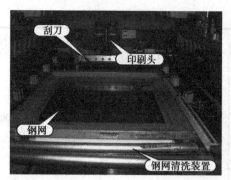
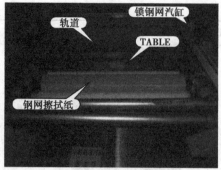

图 3-2

活动三　说明印刷机的工作流程

印刷机的工作流程见表 3-3。

表 3-3

步　骤	图　片	说　明
1		锡膏准备
2		钢网准备
3		PCB 和钢网对位
4		印刷
5		印刷

续表

步 骤	图 片	说 明
6		脱膜
7		印刷好的 PCB

全自动印刷机工作流程如下：

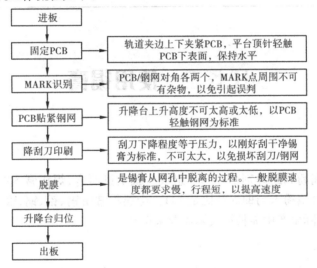

进板 → 固定PCB → MARK识别 → PCB贴紧钢网 → 降刮刀印刷 → 脱膜 → 升降台归位 → 出板

固定PCB：轨道夹边上下夹紧PCB，平台顶针轻触PCB下表面，保持水平

MARK识别：PCB/钢网对角各两个，MARK点周围不可有杂物，以免引起误判

PCB贴紧钢网：升降台上升高度不可太高或太低，以PCB轻触钢网为标准

降刮刀印刷：刮刀下降程度等于压力，以刚好刮干净锡膏为标准，不可太大，以免损坏刮刀/钢网

脱膜：是锡膏从网孔中脱离的过程。一般脱膜速度都要求慢，行程短，以提高速度

学习评价

评价项目	评价权重	评价内容		评分标准/分	自评	互评	师评
学习态度	10%	出勤与纪律	A.出勤情况 B.课堂纪律	5			
		学习参与度	团结协作、积极发言、认真讨论				
		任务完成情况	A.技能训练任务 B.其他任务	5			

续表

评价项目	评价权重	评价内容		评分标准/分	自评	互评	师评
专业理论	40%	能说出 SMT 印刷机分类	印刷机分类	10			
		能说出 SMT 印刷机的工作流程	印刷机工作原理和流程	30			
专业技能	40%	能说出印刷机的结构组成	说出印刷机主要组成及作用	40			
职业素养	10%	注重文明、安全、规范操作;善于沟通、爱护财产、注重节能环保		10			
综合评价							

任务二　使用锡膏

任务分析

焊锡膏由金属粉和助焊剂(FLUX)组成。就质量而言,焊锡膏 80%~90% 是金属合金;就体积而言,金属粉末与助焊剂比是 1:1。金属粉常由锡、铅、铜、银、铋、镍等组成,它们种类很多,在实际生产中需根据实际需要来选择。

任务描述

锡膏是一种膏状物体,是 SMT 印刷环节中最主要的辅料。锡膏均匀涂布在印制电路板焊盘上,通过锡膏的黏性将元件附着于其对应焊盘上,通过回焊炉让锡膏熔化,冷却后将元件与焊盘固化在一起。在 SMT 生产中,锡膏贯穿整个生产流程。锡膏成分及存储特性是锡膏最为关键的参数,怎么才能将锡膏的作用发挥到极致,下面通过本任务的学习来了解。

任务实施

活动一　锡膏的成分

1.锡膏成分

锡膏成分如图 3-3 所示。

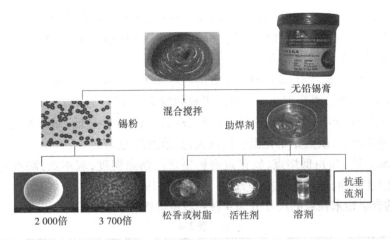

图 3-3

2.助焊剂的成分

• 活化剂(ACTIVATION):主要起到去除 PCB 铜膜焊盘表层及零件焊接部位的氧化物质的作用,同时具有降低锡、铅表面张力的功效。

• 触变剂(THIXOTROPIC):主要是调节焊锡膏的黏度以及印刷性能,起到在印刷中防止出现拖尾、粘连等现象的作用。

• 树脂(RESINS):主要起到加大锡膏粘附性,而且有保护和防止焊后 PCB 再度氧化的作用,它对零件的固定起到很重要的作用。

• 溶剂(SOLVENT):是焊剂组成的溶剂,在锡膏的搅拌过程中起调节均匀的作用,对焊锡膏的寿命有一定的影响。

锡粉的放大图如图 3-4 所示。

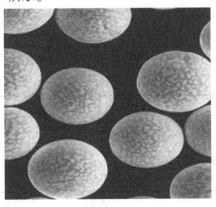

图 3-4

3.金属粉的成分

以往,焊料的金属粉末主要是锡铅(Sn/Pb)合金粉末,其熔点约为 183 ℃。伴随着无铅化及 ROHS 绿色生产的推进,含铅锡膏已渐渐退出了 SMT 制程,对环境及人体无害的无卤素锡膏已经被业界所接受。

ROHS 无铅焊料粉末成分,由不含卤素的多种金属粉末组成,目前的几种无铅焊料配比共晶有:锡(Sn)-银(Ag)-铜(Cu)、锡(Sn)-锑(Sb)-铜(Cu)-铋(Bi)、锡(Sn)-锌(Zn)。其中,锡(Sn)-银(Ag)-铜(Cu)配比的使用最为广泛。

● 锡(Sn)-银(Ag)-铜(Cu):具有良好的耐热疲劳性和蠕变性,熔化温度区域狭窄;不足的是冷却速度较慢,焊锡表面易出现不平整的现象,其熔点为217~219 ℃。

● 锡(Sn)-锑(Sb)-铜(Cu)-铋(Bi):熔点较 Sn-Ag-Cu 合金低,润湿性较 Sn-Ag-Cu 合金良好,拉伸强度大;缺点是熔化温度区域大,其熔点约为218 ℃。

● 锡(Sn)-锌(Zn):低熔点,较接近有铅锡膏的熔点温度,成本低;缺点是润湿性差,容易被氧化且因时间加长而易发生劣化,其熔点为199 ℃。

常用的合金粉末颗粒的尺寸分为 4 种颗粒度等级,见表3-4。

表 3-4

合金粉末类型	80%以上合金粉末颗粒尺寸/μm	大颗粒要求	微粉末颗粒要求
1	75~150	> 150 μm 的颗粒应少于1%	
2	45~75	>75 μm 的颗粒应少于1%	<20 μm 的微粉颗粒应少于10%
3	25~45	>45 μm 的颗粒应少于1%	
4	20~38	>38 μm 的颗粒应少于1%	

SMT 组件引脚间距和焊料颗粒的关系,见表3-5。

表 3-5

引脚间距/mm	>0.8	0.65	0.5	0.4
颗粒直径/μm	<75	<60	<50	<40

活动二　锡膏的分类

锡膏在工厂中种类较多,见表3-6。

表 3-6

锡膏分类	环保	有铅	锡铅
			锡铜
		无铅	锡银铜
			锡银铋
			锡铋

续表

锡膏分类	熔锡温度	高温	锡铜
			锡银铜
		中温	锡银铋
		低温	锡铅铋
			锡铋
	助焊剂	普通松香清洗型	高(RA)
			中(RMA)
			低(R)
		免洗型焊锡膏(NC)	—
		水溶性锡膏(WMA)	—

2000 年以前行业内还使用有铅锡膏,为适应无铅化的环保要求,现在所使用的都为无铅锡膏,常见的种类见表 3-7。

表 3-7

种 类	型号(代码)	金属成分(百分比)	熔点/℃	用 途
有铅锡膏	—	Sn63/Pb37	183	现基本不用
无铅高温锡膏	SC07	Sn99.3/Cu0.7	227	特殊工艺
无铅常温锡膏	SAC305	Sn96.5/Ag3.0/Cu0.5	217	使用最广泛
	SAC0307	Sn99/Ag0.3/Cu0.7	217	较少使用
无铅低温锡膏	—	Sn42/Bi58	138	材料不耐高温

活动三 锡膏的特性

锡膏具有黏性,常用的黏度符号为 μ;单位为 P(泊)。印刷时,锡膏受到刮刀的推力作用,其黏度下降,当到达网板开口孔时,黏度达到最低,故能顺利通过网板孔沉降到 PCB 的焊盘上。随着外力的停止,锡膏的黏度又迅速回升,这样就不会出现印刷成型的塌落和漫流现象,能得到良好的印刷效果,如图 3-5 所示。

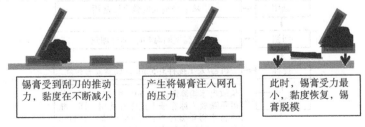

锡膏受到刮刀的推动力,黏度在不断减小	产生将锡膏注入网孔的压力	此时,锡膏受力最小,黏度恢复,锡膏脱模

图 3-5

黏度是锡膏的一个重要特性,从动态方面,在印刷行程中,黏性越低其流动性越好,易于流入钢网孔内；从静态方面考虑，印刷后，锡膏停留在钢网孔内，其黏度高，则保持其填充的形状，而不会往下塌陷。

影响锡膏黏度的因素如下（见图3-6）：

①锡膏合金粉末含量对黏度的影响：锡膏中合金粉末的增加引起黏度的增加。

②锡膏合金粉末颗粒大小对黏度的影响：颗粒度增大时黏度会降低。

③温度对锡膏黏度的影响：温度升高，黏度下降，印刷的最佳环境温度为23±3 ℃。

④剪切（搅拌）速率对锡膏黏度的影响：剪切速率增加，黏度下降。

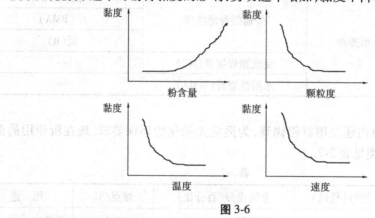

图3-6

活动四　锡膏的使用

使用锡膏的注意事项如下：

①锡膏在密封状态下、2~10 ℃条件下可以保存6个月。

②使用前要先回温，一般要求为常温下回温4 h。回温后要搅拌3~5 min。锡膏在从冰箱取出后，24 h 内必须用完。

锡膏使用流程如下：

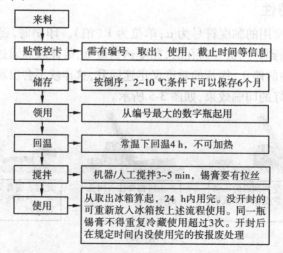

锡膏管控卡见表3-8。

表3-8

编　　号	项　　目	时　间	操　作	确　认
	取出时间			
	回温截止时间			
	搅拌时间			
	开封时间			
	使用截止时间			

锡膏领用记录见表3-9。

表3-9

锡膏领用记录表								
编　号	有效截止日期	取出时间	回温时间	搅拌时间	使用时间	回收时间	记录人	备注

知识拓展:红胶与 UV 胶

1.红胶

图 3-7

红胶(图 3-7)是一种聚烯化合物,与锡膏不同的是其受热后便固化,其凝固点温度为

150 ℃。这时,红胶开始由膏状体直接变成固体。红胶具有黏度流动性、温度特性、润湿特性等。根据红胶的这些特性,在生产中,利用红胶的目的就是使零件牢固地粘贴于 PCB 表面,防止其掉落。因为红胶的绝缘性,红胶一定不能粘在焊盘上。它在实际生产过程中主要用于以下方面:

①物料或 PCB 设计不当,锡膏熔化中拉力不均导致偏位的情况,如图 3-8 所示。

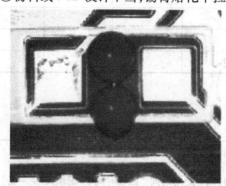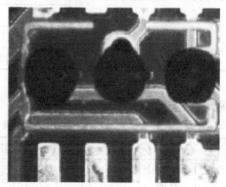

图 3-8

②PCB 反面元件太重,正面过回焊炉二次熔化会掉元件的情况。

③某些元器件形成的锡点强度不够的情况,用红胶来增加强度。

2.UV 胶

UV 是英文 Ultraviolet Rays 的缩写(即紫外光线),如图 3-9 所示。UV 胶又称光敏胶、紫外光固化胶、无影胶,是必须通过紫外线光照射才能固化的一类胶黏剂,它可以作为黏合剂使用。紫外线(UV)是肉眼看不见的,是可见光以外的一段电磁辐射,波长在 10 ~ 400 nm。无影胶固化原理是 UV 固化材料中的光引发剂(或光敏剂)在紫外线的照射下吸收紫外光后产生活性自由基或阳离子,引发单体聚合、交联和接支化学反应,使黏合剂在数秒钟内由液态转化为固态。因为 UV 胶的绝缘性,UV 胶一定不能黏在焊盘上。它在实际生产过程中主要用于 BGA 的四周,起固定 BGA 的作用。

红胶/UV 胶的储存和使用流程都与锡膏一致,只作为锡膏的一种补充来使用。锡膏只能用钢网在印刷机上完成,如图 3-10 所示。UV 胶只能在点胶机上完成,而红胶两种工艺都能使用。它们具体的不同点如表 3-10 所示。

表 3-10

项　目	锡　膏	红　胶	UV 胶
储存环境	2~10 ℃	2~10 ℃	常温
有效期	6 个月	6 个月	18 个月
回温时间	4 h	8 h	/
搅拌时间	3~5 min	/	/
使用时间	24 h	72 h	168 h
焊接方法	高温/217 ℃	高温/150 ℃	紫外线光照
使用设备	印刷机	印刷机/点胶机	点胶机

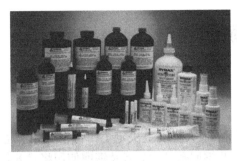

图 3-9

图 3-10

学习评价

评价项目	评价权重	评价内容		评分标准/分	自评	互评	师评
学习态度	20%	出勤与纪律	A.出勤情况 B.课堂纪律	10			
		学习参与度	团结协作、积极发言、认真讨论	5			
		任务完成情况	A.技能训练任务 B.其他任务	5			
专业理论	30%	能说出锡膏类别及相应的主要成分	说出锡膏类别	10			
			说出不同类别锡膏的成分	20			
专业技能	40%	能掌握锡膏的特征	在锡膏瓶上找出锡膏的相关特性	20			
		能正确使用无铅305型锡膏	画出锡膏使用流程图,并能对锡膏进行手动搅拌	20			
职业素养	10%	注重文明、安全、规范操作;善于沟通、爱护财产、注重节能环保		10			
综合评价							

任务三　钢网的设计

任务描述

钢网,作为锡膏印刷过程中的一个关键工具,在很大程度上决定了锡膏在 PCB 焊盘上的成形质量,可直接影响电子产品焊接质量,因此钢网孔开刻方式及钢网使用将是我们提升 SMT 制程品质的又一关键步骤。

任务分析

PCB 的焊盘与元件器件一样,同样分为 CHIP、晶体管、IC、BGA 等。为有效保障各元件的焊接品质及满足各元件的制程需求,钢网开口的方式也会灵活多变,不同产品、不同元件其开刻钢网的方式也不一样。SMT 是不会直接对钢网进行开刻的,但我们会对钢网开刻厂商提供具体开刻数据,本任务将对钢网开孔及使用进行全面介绍。

任务实施

活动一　钢网的分类

钢网(图 3-11)也就是 SMT 模板(SMT Stenci1),它是一种 SMT 专用模具。其主要功能是帮助锡膏沉积;目的是将准确数量的锡膏转移到空 PCB 对应位置。随着 SMT 工艺的发展,SMT 钢网还被大量应用于红胶等胶剂工艺。

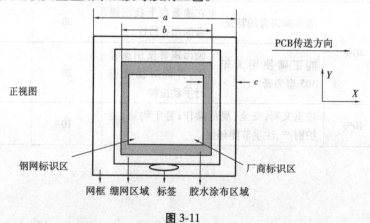

图 3-11

SMT 钢网的制作工艺可分为化学蚀刻、激光切割和电铸成型 3 种。

1.化学蚀刻模板

用化学方法蚀刻形成模板开孔,适用于制作黄铜和不锈钢模板,具有以下特点:
①开孔呈碗状,锡膏释放性能不好;

②只能用于元件 PITCH 值大于 20 mil*1 以上,如 PITCH 值为 25~50 mil 的印刷;

③制作模板厚度为 0.1~0.5 mm;

④开孔的尺寸误差为 1 mil(位置误差);

⑤价格比激光切割和电铸成型都便宜。

钢网蚀刻开刻流程如下:

钢片双面贴感光膜 → 感光膜外侧贴菲林 → 曝光显影 → 双面蚀刻 → 去膜成型 → 封框出货

2.激光切割模板

模板开孔使用激光切割,具有以下特点:

①开孔上下自然成梯形,上开孔通常比下开孔大 1~5 mil,有利于锡膏的释放;

②开孔尺寸误差为 0.3~0.5 mil,定位精度小于 0.12 mil;

③价格比化学蚀刻贵,比电铸成型便宜;

④孔壁不如电铸成型模板光滑;

⑤可满足模板厚度为 0.12~0.3 mm;

⑥通常用于元件 PITCH 值为 20 mil 或更小的印刷。

激光开刻流程如下:

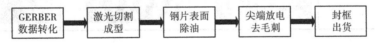

GERBER 数据转化 → 激光切割成型 → 钢片表面除油 → 尖端放电去毛刺 → 封框出货

3.电铸成型模板

用化学方法,但不是在金属板上蚀刻出需要的图形,而是直接电铸出镍质的漏板,即加成法。具有以下特点:

①自然形成梯形开孔,孔壁光滑,有利于锡膏释放;

②制作过程中自然形成开孔的保护唇;

③可完成 2~12 mil 厚度的模板制作;

④良好的耐磨性和使用寿命;

⑤价格较贵,制作周期较长。

电铸成型钢网开刻流程如下:

基板一侧覆感光膜 → 光敏干胶片曝光显影 → 浸液/离子转移 → 薄片剥离/打磨 → 封框出货

4.3 种开刻方式优缺点对比

钢网开刻方式对比见表3-11。

---

* 1 mil=0.025 4 mm。

表 3-11

SMT 模板性能对比表			
模板种类	蚀刻模板	激光模板	电铸模板
加工方式	化学蚀腐	激光切割	电铸
位置精度	≤15 μm	≤5 μm	≤3 μm
孔壁形状	不规则双锥形	锥形 2~7 ℃	锥形 2~6 ℃
孔壁粗糙度	无毛刺≤5 μm	有细小毛刺≤5 μm	孔壁光滑,无毛刺
使用寿命	较短	可达 30 万次以上	可达 40 万次以上
其他特点	①制作成本低,制作周期快; ②精度较差,不能完全满足 fine-pitch 印刷要求,印刷不良较多	①精度高; ②从文件到制作模板无中间环节误差; ③可满足 fine-pitch 的印刷要求	①制作更为精密; ②制作时间较长,成本较高; ③合金表面与焊膏接合力小,更易脱膜
开刻样图			

活动二　钢网的设计

钢网设计考虑因素见图 3-12:

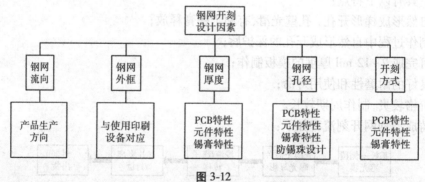

图 3-12

钢网网框尺寸决定了在何种设备上生产,常见的尺寸见表 3-12。

表 3-12

常见钢网网框尺寸/mm×mm				
手动	半自动			全自动
3 747	4 252	5 060	5 565	736
370×470	420×520	500×600	550×650	736×736

钢网的开口设计应考虑锡膏的脱模性,它由 3 个因素决定,分别是开口的宽厚比/(面积比)、开口侧壁的几何形状、孔壁的光洁度。3 个因素中,后 2 个因素是由钢网的制造技术决定的(开口侧壁的几何形状一般都是倒梯形,以便于下锡和成形;孔壁的光洁度一般采用电抛光)前 1 个因素我们考虑得更多。因为激光钢网有很高的性价比,所以这里我们重点探讨激光钢网的开口设计,见图 3-13。

①宽厚比:开口宽与钢网厚度的比率;

②面积比:开口面积与孔壁横截面积的比率。

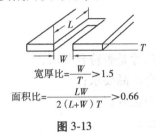

$$宽厚比 = \frac{W}{T} > 1.5$$

$$面积比 = \frac{LW}{2(L+W)T} > 0.66$$

图 3-13

一般来说,要获得好的脱模效果,宽厚比应大于 1.5,面积比应大于 0.66。通常,如果开口长度没有达到宽度的 5 倍时,应考虑用面积比来预测锡膏的脱模,其他情况考虑宽厚比。表 3-13 是一些组件的开口范例。

表 3-13

组件类型	PITCH/mm	焊盘宽度/mm	焊盘长度/mm	开口宽度/mm	开口长度/mm	模板厚度/mm	宽厚比	面积比
QFP	0.635	0.35	1.5	0.30~0.31	1.45	0.15~0.18	1.7~2.1	0.69~0.85
QFP	0.5	0.254	1.25	0.22~0.24	1.2	0.12~0.15	1.5~2.0	0.62~0.83
QFP	0.43	0.2	1.25	0.19~0.20	1.2	0.10~0.12	1.6~2.0	0.68~0.85
QFP	0.3	0.18	1	0.15	0.95	0.07~0.10	1.5~2.1	0.65~0.93
BGA	1.27	0.8		0.75		0.15~0.18		1.0~1.25
BGA	1	0.5		0.48		0.12~0.15		0.80~1.0
BGA	0.8	0.4		0.38		0.12~0.15		0.63~0.79
BGA	0.5	0.25		0.28		0.08~0.10		0.70~0.86
0402		0.5	0.65	0.48	0.635	0.10~0.12		1.4~1.37
0201		0.25	0.4	0.235	0.38	0.08~0.10		0.73~0.91

当然,在对钢网进行设计时不能一味追求宽厚比而忽略其他工艺问题,如连锡、多锡、锡珠等。对于 IC 类引脚,开口宽度基本是 1:0.9 长度内切外加 0.2 mm;片式元件开口宽度基本是 1:0.9 长度内切角。

锡珠是由于锡膏超出焊盘,在焊接时无法和焊盘相熔而形成的一颗颗球状圆点。它会由于震动等原因卡在组件引脚中间而引起短路。常见的锡膏钢网形状见图 3-14。

图 3-14

对于接地焊盘或大面积的引脚焊盘,我们要考虑锡膏拉力不均衡造成的移位,这时的钢网设计大部分会采用网格,减少下锡量,要注意平均分配。

活动三 钢网验收

1.SMT 钢网验收注意事项

①检查钢网开口的方式和尺寸是否符合要求;

②检查钢网的厚度是否符合产品要求;

③检查钢网的框架尺寸是否正确;

④检查钢网的标志是否完整;

⑤检查钢网的平整度是否水平;

⑥检查钢网的张力是否合适(用张力计(图 3-15)测四周和中央 5 个点);

⑦检查钢网开口位置及数量是否与 PCB 焊盘一致,见图 3-16(用菲林与 PCB 对位,包括 MARK 点)。

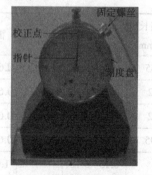

图 3-15

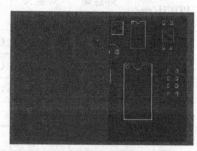

图 3-16

2.钢网验收表(表 3-14)

表 3-14

SMT 钢网验收 Check list			
机 型		版 本	
厂 商		制作日期	
项 目	Check 内容		
1	外框尺寸		
2	钢网厚度	0.1 mm　　0.12 mm　　0.13 mm　　其他		
3	抛光处理	OK　　　　　　　NG		

续表

项 目	Check 内容				
4	漏点检查	OK		NG	
5	防锡珠开孔	有		无	
6	MARK 检查	OK		NG	
7	开孔位置检查	OK		NG	
8	张力记录(N/CM)	左上	右上	中间	左上>38N	右上>38N
					中间>40N	
		左下	右下		左下>38N	右下>38N
9	张力测试	OK		NG	
10	整体检验结果	合格		不合格	
备 注					

3.钢网标签

为了方便快速准确地找到某个机型钢网,我们在钢网框的正面会贴一个标签贴纸如图 3-17 所示,同时在电脑里同步输入相应内容。标签贴纸至少会包括钢网编号、机型、版本、日期等信息。

钢板管制标签	
钢板编号	
入库日期	
机种名称	
钢板厚度	
制造厂商	
版 本	
入 库 者	
存放位置	

图 3-17

知识拓展:阶梯钢网

局部加厚减薄钢网、激光模板阶梯钢网:因同一PCB 上各类元件焊接时对锡膏量要求的不同,就要求同一模板部分区域厚度不同,这就产生了 STEP-DOWN&STEP-UP 工艺模板。

● STEP-DOWN 模板:对模板进行局部减薄,以减少特定元件焊接时的锡量,又不影响脱模,此工艺模板可有效地解决因 PCB 局部微凸(如贴有标签等)而造成的印刷缺陷。

● STEP-UP 模板:对模板进行局部加厚,以增加特定元件焊接时的锡量,此工艺模板特别适合穿孔回流焊工艺(即插件元件的回流焊接)。

● STEP-DOWN&STEP-UP 模板:对模板进行局部减薄和加厚,即同一模板上有 3 种厚度,以满足不同元件焊接时对锡量的不同要求。

学习评价

评价项目	评价权重	评价内容		评分标准/分	自评	互评	师评
学习态度	10%	出勤与纪律	A.出勤情况 B.课堂纪律	5			
		学习参与度	团结协作、积极发言、认真讨论				
		任务完成情况	A.技能训练任务 B.其他任务	5			
专业理论	30%	说出钢网的分类和钢网在SMT印刷中所起的作用	钢网分类	10			
			钢网作用	10			
			钢网特性	10			
专业技能	50%	能依据制程条件进行钢网开孔和验收钢网	不同制程条件的钢网开孔	30			
			对开刻钢网进行验收	20			
职业素养	10%	注重文明、安全、规范操作;善于沟通、爱护财产、注重节能环保		10			
综合评价							

任务四 印刷质量的判定

任务描述

不管采用何种工艺,锡膏/红胶的印刷品质难免会出现不良现象,这些不良现象会导致后工序的不良,直接影响到产品的品质。能判定印刷品质的好坏并指出不良的原因所在,是一个从业人员的基本要求。

任务分析

任何不良现象的形成都可以概括为5个方面,分别是:人(操作者)、机(机器/设备)、料(材料)、法(方法、工艺、技术)、环(环境),本任务重点讲述机器和方法。

任务实施

活动一 印刷不良分类

膏印刷常见的不良现象有少锡、多锡、偏移、连锡、拉尖、锡珠6种,见图3-18。

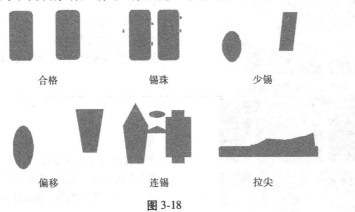

图 3-18

活动二 印刷质量判定

锡膏印刷品质判定标准,见表3-15。

表 3-15

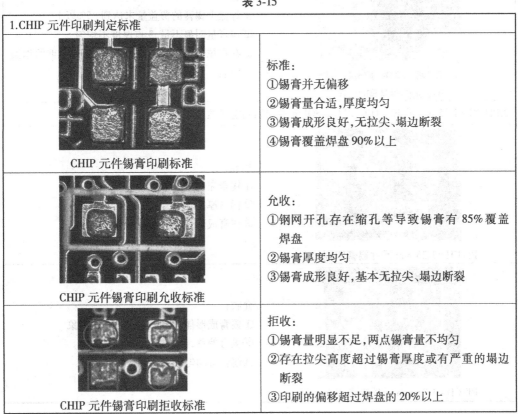

1.CHIP 元件印刷判定标准	
CHIP 元件锡膏印刷标准	标准: ①锡膏并无偏移 ②锡膏量合适,厚度均匀 ③锡膏成形良好,无拉尖、塌边断裂 ④锡膏覆盖焊盘90%以上
CHIP 元件锡膏印刷允收标准	允收: ①钢网开孔存在缩孔等导致锡膏有 85% 覆盖焊盘 ②锡膏厚度均匀 ③锡膏成形良好,基本无拉尖、塌边断裂
CHIP 元件锡膏印刷拒收标准	拒收: ①锡膏量明显不足,两点锡膏量不均匀 ②存在拉尖高度超过锡膏厚度或有严重的塌边断裂 ③印刷的偏移超过焊盘的20%以上

续表

2.SOT 元件印刷判定标准	
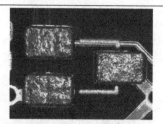 SOT 元件锡膏印刷标准	**标准:** ①锡膏并无偏移 ②锡膏完全覆盖焊盘 ③3 点锡膏厚度均匀,无拉尖、塌边断裂等现象
 SOT 元件锡膏印刷允收	**允收:** ①锡膏量均匀且成形佳 ②3 点锡膏厚度均匀,基本无拉尖、塌边现象 ③85%以上锡膏覆盖(偏移量少于焊盘的 15%)
 SOT 元件锡膏印刷拒收	**拒收:** ①焊盘上锡膏的覆盖量未达到 85%以上 ②锡膏量明显不足,3 点厚度不均匀 ③存在拉尖高度超过锡膏厚度或有严重的塌边断裂
3.PITCH = 1.25 mm 的 IC、SOIC、PLCC、SOJ 元件印刷判定标准	
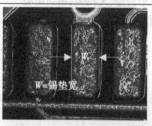 PITCH = 1.25 mm 元件锡膏印刷标准	**标准:** ①锡膏完全覆盖焊盘 ②锡膏厚度均匀 ③锡膏成形佳,无缺陷、塌边
 PITCH = 1.25 mm 元件锡膏印刷允收	**允收:** ①锡膏成形佳,基本无拉尖、塌边现象 ②虽有偏移,但未超过焊盘的 15% ③锡膏量均匀

续表

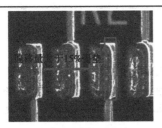 PITCH = 1.25 mm 元件锡膏印刷拒收	拒收： ①锡膏存在严重拉尖、塌边现象 ②锡膏偏移超过焊盘的 15% ③当器件放置时会造成短路
4.3PITCH = 0.8~1.0 mm 元件印刷判定标准	
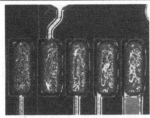 PITCH = 0.8~1.0 mm 元件锡膏印刷标准	标准： ①锡膏无偏移,100%覆盖在焊盘上 ②各焊盘上锡膏成形佳,无塌边现象 ③各焊盘上锡膏厚度均匀
 PITCH = 0.8~1.0 mm 元件锡膏印刷允收	允收： ①锡膏成形良好,足以将元件引脚包裹 ②各焊盘锡膏偏移量未超过焊盘的 15% ③锡膏基本均匀,基本无拉尖、塌边现象
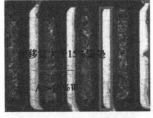 PITCH = 0.8~1.0 mm 元件锡膏印刷拒收	拒收： ①锡膏未充分覆盖焊盘,偏移量超过焊盘的 15% 以上 ②锡膏量不均匀,有严重的拉尖、塌边现象 ③当器件放置时会造成短路
5.PITCH = 0.65 mm、0.5 mm 元件印刷判定标准	
 PITCH = 0.65 mm、0.5 mm 元件锡膏印刷标准	标准： ①各焊盘锡膏印刷均匀且覆盖 100%焊盘 ②锡膏成形佳,无拉尖、塌边现象 ③锡膏厚度均匀

续表

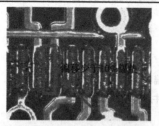 PITCH=0.65 mm、0.5 mm 元件锡膏印刷允收	允收： ①锡膏成形良好，足以将元件引脚包裹 ②各焊盘锡膏偏移量未超过焊盘的 10% ③锡膏基本均匀，基本无拉尖、塌边现象
 PITCH=0.65 mm、0.5 mm 元件锡膏印刷拒收	拒收： ①锡膏印刷偏移量大于 10%焊盘 ②锡膏量不均匀，存在严重的拉尖、塌边现象 ③放置元件时易造成短路

6.BGA 元件印刷判定标准

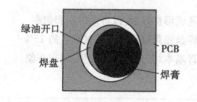	标准：在焊盘上的锡膏面积与焊盘面积一致，锡膏未超出焊盘
	允收：在焊盘上的锡膏面积≥4/5 锡膏总面积且偏位锡膏未超出焊盘
	拒收：在焊盘上的锡膏面积≤4/5 锡膏总面积或偏位锡膏超出绿油

活动三　印刷不良处理

已经印刷不良的 PCB 处理方法有两种，分别是清洗和维修。维修是用镊子和针头分开、增加、减少锡膏，注意不要触碰旁边的锡膏。PCB 须清洗干净后交三方确认，做好标志和记录后方可生产。PCB 清洗记录见表 3-16。

表 3-16

PCB 清洗记录表					
机　型	版　本	板　号	标　记	记　录	确　认

对于印刷不良的分析改善，我们常从表 3-17 所示的几个方面进行，并根据图 3-19 进行分析。

表 3-17

检查项目	检查内容	影 响
钢网	是否变形	少锡、多锡、连锡、拉尖
PCB	是否变形	少锡、多锡、连锡、拉尖
锡膏	是否按要求使用	拉尖、不下锡、连锡
钢网清洗	是否清洗干净	少锡、多锡、连锡、拉尖、锡珠
作业手法	是否按要求作业	少锡、多锡、连锡、拉尖、锡珠
工作环境(6S)	是否符合要求	少锡、多锡、连锡、拉尖、锡珠
刮刀压力	过大	连锡、多锡
	过小	少锡、拉尖
刮刀速度	过快	少锡、拉尖
	过慢	连锡、多锡
印刷间隙	过大	连锡、多锡
	过小	少锡、拉尖
脱膜速度	过快	少锡、拉尖
	过慢	连锡、多锡
脱膜距离	过长	影响速度
	过短	少锡、拉尖

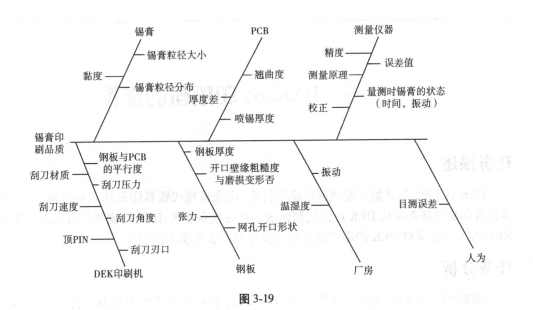

图 3-19

学习评价

评价项目	评价权重	评价内容		评分标准/分	自评	互评	师评
学习态度	20%	出勤与纪律	A.出勤情况 B.课堂纪律	10			
		学习参与度	团结协作、积极发言、认真讨论				
		任务完成情况	A.技能训练任务 B.其他任务	10			
专业理论	30%	能说出印刷不良现象	能说出表面印刷品质判定标准	30			
专业技能	40%	能对印刷不良进行判定和处理	能判定印刷不良	20			
			能对印刷不良进行处理	20			
职业素养	10%	注重文明、安全、规范操作；善于沟通、爱护财产、注重节能环保		10			
综合评价							

任务五　DEK265 印刷机的操作

任务描述

DEK 从 1969 年开始开发丝网印刷机技术，代表着现代锡膏印刷技术的权威，现在很多锡膏印刷设备都是从 DEK 产品复制而成。在现代企业里，DEK 印刷机的市场占有率为 50% 左右，因此学好 DEK 印刷机在实际工作中具有非常重要的意义。

任务分析

DEK265 印刷机作为最早的全自动印刷设备，主要由轨道传送部分、支撑部分、驱动刮刀部分、锡膏印刷部分、工作台部分、影像处理部分和钢网清洗部分组成。本任务主要是通过设备实际操作来完成学习。

任务实施

活动一 控制面板认识

DEK265 印刷机为英文操作,其控制面板如图 3-20 所示。

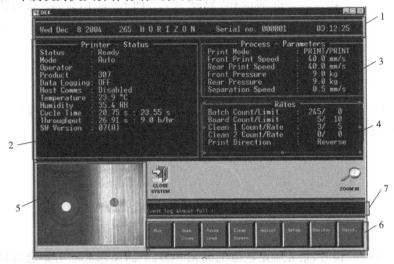

图 3-20

说明:

1—此为设备的基本数据,分别包含设备的出厂年月、设备型号、设备序列号以及设备当前时间。

2—此为设备当前所处的状态,分别包括:设备运行状态、运行模式、操作者、所生产产品名称、设备内部当前温湿度、设备印刷时循环周期、设备版本等。

3—此为印刷机运行时的主要参数,包括:刮刀运行模式、前后刮刀速度、前后刮刀压力、脱模速度等。

4—此为设备工作时各项数据记录,包括:生产数量、钢网清洁数量记录以及刮刀当前位置等。

5—此为设备相机当前影像显示。

6—主菜单共分为 8 个部分,见表 3-18。

表 3-18

主菜单键说明					
F1	Run	运行/停止	F2	Open Cover/Head	开关盖/升降印刷头
F3	Paste Load	添加锡膏	F4	Clean Screen	清洗钢网
F5	Adjust	调节	F6	Setup	设定
F7	Monitor	监视	F8	Maint	维护/返回

⑦此为设备信息提示栏,含错误信息及设备运行信息等。

活动二　开机

打开设备主电源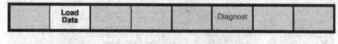,电脑运作,自动开启"DEK"应用软件,画面提示"Press SYSTEM Switch To Initialize Printer or Select Diagnostics or Load Data",见图3-21。

图 3-21

此时有两个选项,若直接按 System 键,会进入上次关机时的程序;若按 Load Data(F2)键,则选择一个程序然后再按 System 键,见图3-22。

图 3-22

当按下 System 键时,请先确定轨道上面无 PCB,下面无顶 Pin,否则会有错误信息出现,当归零完成后就完成开机动作。机器归零时会自动检测设备内部是否存在 PCB 板,此时轨道宽度不会改变,同时皮带转动;如设备内有 PCB,则会被输送到出板感应器处,并在提示状态下取出,单击[继续]按钮,机器归零开始。归零时,设备的轨道宽度和 PCB 固定 Table 等相关部位将进行动作,其中轨道宽度将移动到最大极限,并且最终停留在设备当前程序所设定宽度,Table 则进行向下运动,后停止在待板位置。待设备内所有动作停止后,表示设备归零完成。

活动三　调程序

1.切换生产模式

在"Main Menu"栏点选[setup]按钮(图 3-23)选择"Mode",每按一下会切换到下一个 Mode(下图红色框内变化),共有 4 个 Mode 。

- Auto:自动印刷,此模式为正常生产时模式;
- Step:单步,此模式适合生产调试、程序制作等,为自动生产的单步分解动作;
- No Print:当轨道用,此模式生产时印刷机不动作,只用作 PCB 传输;
- Single:半自动,选择此模式时,设备完成当前循环后停止。

2.调程序

Main Menu 中的 Setup 菜单内有 Load Data(F2)项,可以选择已有的程序。若要编辑新的程序,可选择任一个旧程序或 DEFAULT 程序,到 Setup→Edit Data(F3)菜单内进行程序编辑,见图3-24、图3-25。

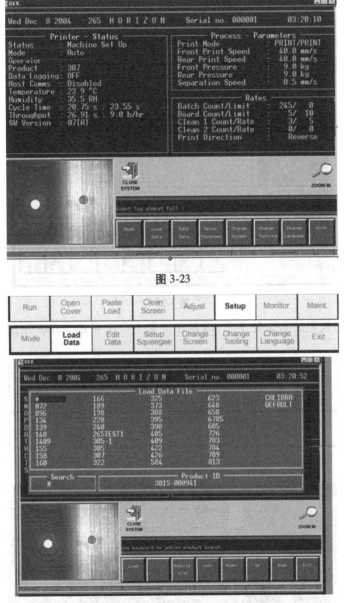

图 3-23

图 3-24

活动四 装顶针

在 Main Menu 中，Open Cover(F2)菜单内有 Change Screen(F2)、Board Clamps(F3)、Prime Paper(F5)、Prime Solvent(F6)、Exit(F8)，如图 3-26 所示。按 F3 键可将轨道上方的夹板片松开，将 PCB 的中心点放在 Board Clamp 的两个白点上(图 3-27)，再按下 F3 Board Clamp 可将 PCB 固定，请将顶 Pin 放置于 PCB 下方。顶 Pin 的放置方式为四个角落、板宽的中间，BGA、QFP、SOP、SOJ 及零件较为密集的地方用粗的顶 Pin 放入，其他地方则用细顶 Pin 放置(亦可参照公司所制定的 SOP 放置)。但是有个地方不能放顶 Pin，就是进板

图 3-25

方向 PCB 板右边板宽的 2/3 处下方,因其在正常生产中将被 Sensor 所感应,将影响正常生产。

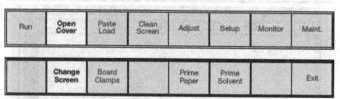

图 3-26

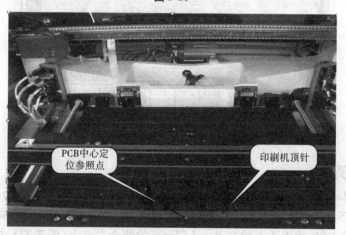

图 3-27

活动五　装钢网

选择 Main Menu→Setup 或 Open Cover→Change Screen 菜单项(见图 3-28),即可手动

取出钢板或放入钢板,放到正确的位置上。

图 3-28

活动六 装刮刀

选择 Main Menu→Setup→SetupSqueegee(F4)→Change Squeegee 菜单项,如图 3-29 所示。刮刀座将其移至最前面(图 3-30),将手或物品移开 Screen 的前方,防止机器或人员受伤。装刮刀时,将螺丝距离较远的放在后刮刀,也就是面对机台里面的位置;螺丝距离较近的,放在前刮刀。

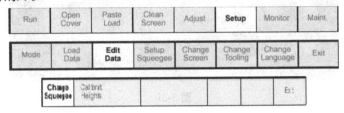

图 3-29

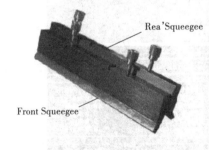

图 3-30

活动七 添加锡膏

按 Paste(F3)见图 3-31,让刮刀头移至后面,直接把锡膏加上钢网上。加锡膏时需注意加在刮刀的行程范围内(靠近网孔位置),一定不要加在网孔上。

活动八 开始/停止生产

按 Run(F1)正常生产,按 Eed Run(F1)停止生产,见图 3-32。

活动九 清洗钢网刮刀关机

在 Main Menu 内点选 Head,双手同时按住机器左右下方的 JOG BUTTON 按键,此时设备钢网固定框上升,待上升到不能上升时,用印刷机支撑杆(图 3-33)将上升头部支撑固定,后用溶剂浸湿的钢网专用擦拭纸对钢网底部按同一方向进行清洗。清洗完成后,钢网孔需用汽枪吹干,待吹干后,按上升步骤放下印刷头。此动作在作业时需注意:擦拭纸不能浸得太湿;汽枪气量不能太大;钢网在擦拭时不能有纸屑残留于钢网上。

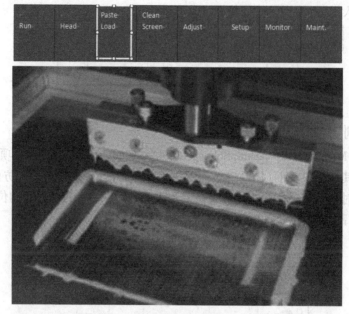

图 3-31

图 3-32

清洗刮刀/关机步骤与安装刮刀/开机步骤一致,请照上面安装步骤操作。

图 3-33

学习评价

评价项目	评价权重	评价内容		评分标准/分	自评	互评	师评
学习态度	10%	出勤与纪律	A.出勤情况 B.课堂纪律	5			
		学习参与度	团结协作、积极发言、认真讨论				
		任务完成情况	A.技能训练任务 B.其他任务	5			
专业理论	20%	能说出 DEK265 的工作原理	能说出印刷所需文件种类	10			
		能说出 DEK265 结构	能读懂各文件内容	10			
专业技能	60%	能对 DEK265 进行操作	能进行开关机	15			
			能进行程序调取	15			
			能完成钢网和刮刀安装	15			
			能安装针	15			
职业素养	10%	注重文明、安全、规范操作;善于沟通、爱护财产、注重节能环保		10			
综合评价							

任务六　DEK265 印刷机的维护

任务描述

印刷机都是由机、电、气、光等部件构成的,必要的维护保养可以有效提高设备的运行效率,延长设备寿命,降低设备损耗,从而提高生产率,降低生产成本。作为一名合格的从业人员,必须了解其设备的结构,并能对其进行基本的维护保养。

任务分析

DEK265 印刷机的保养部分主要有活动轴的清洁加油、气路部分的检查、光感部分的清洁等,本任务通过实际操作来介绍对印刷机进行的维护保养。

任务实施

DEK265 印刷机日常维护按表 3-19 进行。

表 3-19

项　目	位　置	保养工具	保养方法	判　定
DEK265 印刷机日常维护项目				
清洁外观急停按键		无尘布、酒精、铲刀	用无尘布蘸少许酒精清洁	无尘,无锡膏,无异物,急停正常
检查气压		—	目视	0.5 Mpa
检查刮刀		无尘布、酒精、铲刀	动作确认,用无尘布蘸少许酒精清洁	动作正常,无变形,无旧锡膏,无异物

续表

项　目	位　置	保养工具	保养方法	判　定
检查相机		无尘布、酒精、铲刀	动作确认，用无尘布蘸少许酒精清洁	光源正常，动作正常，无尘，无锡膏，无异物
擦网装置		无尘布、酒精、铲刀	动作确认，用无尘布蘸少许酒精清洁	有酒精，有真空，动作正常，无尘，无锡膏，无异物
清洁工作平台	工作平台	无尘布、酒精、铲刀	用无尘布蘸少许酒精清洁	无尘，无锡膏，无异物，夹边变形
清除各轴导轨异物		无尘布、酒精、铲刀	用无尘布清洁，并移除异物	够润滑，转动正常，无锡膏，无异物
检查进出板感应器		无尘布、酒精、铲刀	用无尘布蘸少许酒精清洁	反应灵敏，感应良好，不延时
清理自动加锡器、托盘		无尘布、酒精、铲刀	用无尘布蘸少许酒精清洁	无尘，无锡膏，无异物

印刷机保养记录见表3-20。

表 3-20

设备点检确认表																																	
机台名称	全自动印刷机					机台型号				DEK-ELAI															月份				12				
点检项目	1	2	3	4	5	6	7	8	9	10	11	12	13	14	15	16	17	18	19	20	21	22	23	24	25	26	27	28	29	30	31
日点检 紧急开关																															
安全罩																															
机器外观																															
钢网装置																															
刮刀																															
进/出板传感器																															
传送皮带																															
夹板器																															
工作台																															
机台电压																															
机台气压																															
摄像机																															
点检者																															
确认者																															

学习评价

评价项目	评价权重	评价内容		评分标准/分	自评	互评	师评
学习态度	20%	出勤与纪律	A.出勤情况 B.课堂纪律	10			
		学习参与度	团结协作、积极发言、认真讨论				
		任务完成情况	A.技能训练任务 B.其他任务	10			
专业理论	30%	能说出 DEK265 保养的重要性	能说出保养的重要性	15			
		能说出 DEK265 的日常保养部位	能说出保养位置	15			
专业技能	30%	能对 DEK265 进行日常保养	能正确对 DEK265 进行日常保养	30			

续表

评价项目	评价权重	评价内容	评分标准/分	自评	互评	师评
职业素养	20%	注重文明、安全、规范操作;善于沟通、爱护财产、注重节能环保	20			
综合评价						

技能训练

1.填空

(1)我们常说的 305 型锡膏,主要由_____、_____、_____金属粉末组成,百分比例分别为_____、_____、_____,温度为_____开始熔化。

(2)锡膏主要由_____和_____组成,其中质量比是_____,体积比是_____。

(3)钢网有_____、_____、_____ 3 种开刻方式。

(4)无铅锡膏应保存在_____的冰箱里,保存期限是_____,至少提前_____小时从冰箱中取出并放置于常温下解冻,在使用前应对锡膏进行_____,且时间为_____ min,开封后的锡膏须于_____ h 内使用完毕。

2.完成 DEK265 印刷机钢网和刮刀的安装。

3.完成 DEK265 印刷机的程序调取。

4.完成 DEK265 印刷机的日常保养。

项目四

表面贴装

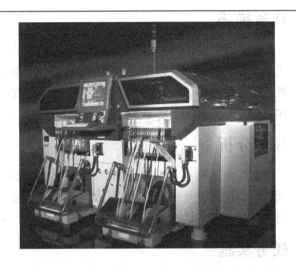

【知识目标】

● 能掌握表面贴片元件的包装特性；
● 能说出贴片机的分类；
● 能说出供料器分类及对应材料包装。

【技能目标】

● 能正确备料；
● 能操作两种不同结构的贴片机；
● 能对贴片机进行简单保养。

任务一　认识贴片机

任务描述

　　贴片机已成为现代电子产品加工制造不可缺少的重要组成部分。自 20 世纪 80 年代的全自动贴片机出现以来,随着近几十年不断地对贴片机技术的改进,现在市场上的贴片机类型层出不穷,世界上的贴片机生产商已有数十家之多,同时拥有数百种不同类型的贴片机。对贴片机的了解掌握已成为现代电子技术行业里不可或缺的一部分。

任务分析

　　本任务主要是将现在市场上的贴片机按其特性进行分门别类,以结构类别对不同厂商不同类型的贴片机进行介绍,让学生掌握不同贴片机的结构和工作原理,从而完成对不同类型贴片机的认识。

任务实施

活动一　认识贴片机的种类

　　表面贴装技术从 20 世纪 60 年代诞生以来,经过数十年的不断发展壮大,同时也经历了数次设计结构的变迁。

　　贴片机发展见表 4-1。

表 4-1

贴片机名称	出现时间	主要特征	发展趋势	代表机型
第 1 代贴片机	20 世纪 70 年代末至 80 年代初	机械对中; 速度为 1~1.5 s/片; 贴装精度为 ±0.1 mm; 可贴片元件为 1 608、IC 节距为 1.27~0.8 mm	具有现代贴片机的全部要素,开创了电子产品大规模全自动、高效率、高质量生产的新纪元。但随着 SMT 的不断发展和元器件的微小型化,这一代贴片机早已退出市场	

续表

贴片机名称	出现时间	主要特征	发展趋势	代表机型
第2代贴片机	20世纪80年代中期至90年代中后期	采用光学定位对中技术、精密机械系统、精密真空系统、各种传感器和计算机控制技术,贴片精度大幅提升;它分为以贴片Chip元件为主的高速机和贴装IC等异型元件为主的多功能机;高速机速度可达到0.06 s/片,多功能机可贴装节距为0.3 mm的QFP元件	现在仍为大多数生产企业的主流设备,但已逐渐退出主流贴片机制造厂商的视野	
第3代贴片机	20世纪90年代末至今	模块化复合型架构平台;高精度视觉系统和飞行对准;多拱架、多贴片头和多吸嘴结构;智能供料及检测;高速、高精度线性电动机驱动;高速、灵活、智能贴片头;Z轴运动和贴装力精密控制;将高速机和多功能机合二为一;贴装速度可达150 000片/h	在SMT产业高速发展和电子产品需求多元化、品种多样化的推动下,第3代贴片机将是未来的主流设备,但其价格相对较为昂贵,仍未大范围进入市场	

贴片机结构的分类见表4-2。

表 4-2

结构类型	主要特征	优 点	缺 点	代表机型
转塔式结构	20 世纪 80 年代问世，至今仍为高速机的主力机型； 通常有一个固定的转塔在旋转的同时进行元件的吸取、影像、贴装和吸嘴的更换等； 生产时，其吸嘴贴片位置不变，由 PCB 高速移动来完成不同位置贴装	①工作中不需要更换吸嘴； ②可以在飞行中进行图像处理； ③减少了操作区域面积	①由于机械结构限制，贴装速度已经到极限，不能再有大幅提升； ②只能生产带式包装和散料包装材料； ③生产时 PCB 不断高速移动，会造成之前贴片的元件产生位移； ④贴片元件范围局限于片式元件，不适合贴装 IC 类元器件	
拱架式结构	拱架式结构又称为动臂式或平台式和顶悬梁式结构，几乎所有多功能贴片机和中速机均采用此结构； 生产时与转塔式结构相反，PCB 固定不动，由贴片头反复运动完成元件贴片	①贴片精度比转塔式贴片机高； ②一般采用电动机丝杆驱动，线性光栅尺反馈； ③吸嘴为半列式，可在同一循环中吸取、校正和贴片多个元件； ④可接纳包含卷带装、管装、盘装和散装等多种包装； ⑤生产时 PCB 固定不动，贴片品质有所保障	①此结构主要为生产 IC 及异型元件，其生产速度无法与转塔式结构相比较； ②在生产不同元件时，会更换吸嘴	
平行式结构	平行式结构也称并行式结构，是一种模块组合式结构	①每个模块的轨道都相当于一个工作台； ②PCB 的传送和元件的贴装都同时进行； ③可以根据贴装元件的多少和速度需求来配置模块数量； ④模块间都有相近的产能，可以自由更换； ⑤元件的校正模式有激光和照相机两种，兼顾高速、高精度和多功能	①设备的灵活性相对较差，产品更换时间相对较长； ②元件的供料方式只能接受卷装和散料装； ③机器的元件贴装范围不能覆盖所有元件	

续表

结构类型	主要特征	结构优点	结构缺点	代表机型
复合式结构	复合式结构是由拱架式结构发展来的，一般分为两类。一种是小转塔贴片头和拱架式结构相结合的贴片机，另一种是采用双模组的拱架式贴片机	①双轨道传板；②单工作台双线路板；③智能 Y 轴定位工作台；④智能供料器；⑤具有拱架式和转塔式贴片机的优势	已经将之前贴片机的缺点克服，是至今最为完善的贴片机	 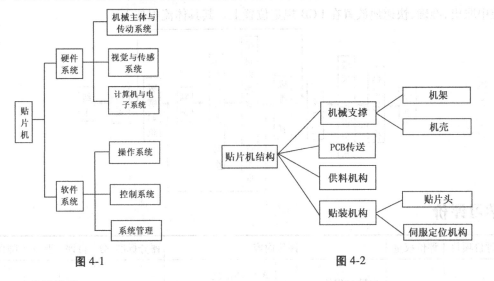

活动二　了解贴片机的结构

1.基本组成

贴片机实际上是一种精密的工业机器人，是机—电—光以及计算机控制技术的综合体。从根本上讲，贴片机是由软、硬件两部分组成的，见图4-1。

图 4-1

图 4-2

2.硬件结构

尽管贴片机种类繁多，但就其基本功能和要求而言，所有类型的贴片机均是一样的，即能把元件高速、高精度地贴装在印制电路板的指定位置，因此基本结构都由3大机构和机械主体组成，见图4-2，图4-3。

3.功能结构

按照贴片机各部分的功能，整个系统总体上可分为三大块，见图4-4。

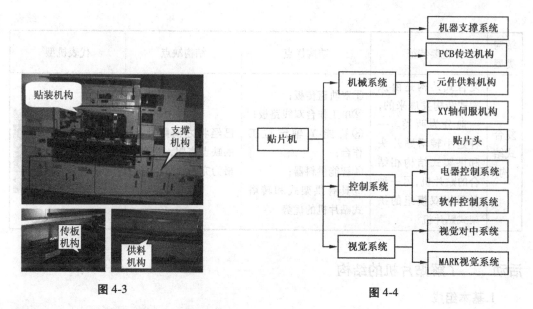

图 4-3   图 4-4

活动三   说明贴片机的工作流程

贴片机的工作原理就其本身而言非常简单,就是通过一定的方式将电子元器件从包装中取出,准确、快速地放置在 PCB 规定位置上。其具体流程如下:

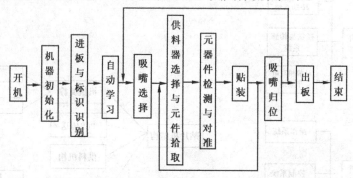

学习评价

评价项目	评价权重	评价内容		评分标准/分	自评	互评	师评
学习态度	10%	出勤与纪律	A.出勤情况 B.课堂纪律	5			
		学习参与度	团结协作、积极发言、认真讨论				
		任务完成情况	A.技能训练任务 B.其他任务	5			

续表

评价项目	评价权重	评价内容		评分标准/分	自评	互评	师评
专业理论	40%	能说出SMT贴片机分类	贴片机分类	10			
		能说出SMT贴片机的工作流程	贴片机工作原理和流程	30			
专业技能	40%	能说出贴片机的结构组成	说出贴片机主要组成及作用	40			
职业素养	10%	注重文明、安全、规范操作;善于沟通、爱护财产、注重节能环保		10			
综合评价							

任务二 备 料

任务描述

在贴片机这个大家庭里,供料器是一个不可或缺的重要组成部分。而在形形色色的贴片机中,每种贴片机所对应的供料器是不一样的,各种不同类型电子元器件的封装方式也有差异,这就决定了掌握供料器和电子元件封装之间的关系是SMT贴片机学习的关键。

任务分析

供料器在贴片机的生产应用中扮演着非常重要的角色,只有通过对不同种类供料器的识别,才能在实际工作中正确选择使用供料器。本任务就是将喂料器与电子元件的封装相结合,让学生通过实际操作来了解对喂料器的使用。

任务实施

本任务主要是对学生进行物料准备实训,让学生掌握供料器的正确使用方法,本任务以机械式供料器来进行讲述。

活动一 物料的包装分类

物料的包装方式见表4-3。

表 4-3

包装方式	包装特性	典型包装图片
带式包装	①分类纸编带(图中 1)和塑料编带(图中 2)两种。 ②纸编带由基带(图中 3)和带盖(图中 4)组成,其中基带是纸,而底带和盖带则是塑料薄膜。 ③塑料编带同样由基带、盖带和底带组成,所有组成均为塑料。 ④带状包装基带上均布有小圆孔,又称同步孔(图中 5),是供带状送料器前端同步齿轮传动时的定位孔,两相邻孔之间的距离称为步距,步距之间的长度均为 4 mm。 ⑤矩形孔是装载元器件的料腔(图中 6),用来装载不同尺寸的元件。 ⑥带式包装是应用最为广泛的包装方式,基本上所有的电子元件均可用带式包装	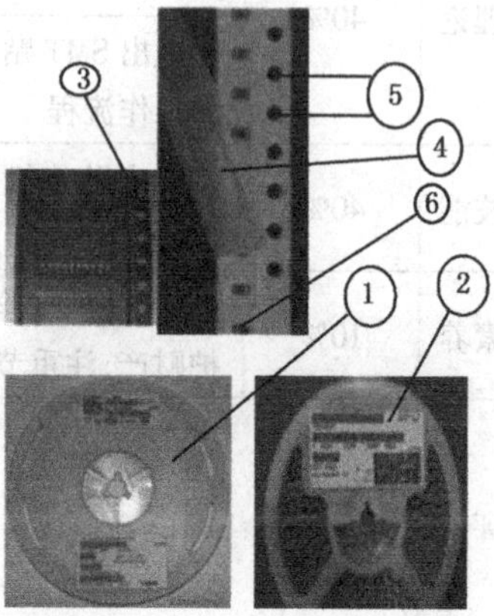
管式包装	管式包装以 PLCC 和 SOIC 等元件为主。它对元器件引脚保护作用好,但定性差、规范性差、生产效率低	
盘式包装	盘装元件多为各种 IC 集成电路元件	 
散装盒包装	将无极性元件自由地装入成型的塑料盒或袋内	

活动二　供料器的分类

供料器(Feeder)又被称为送料器、喂料器、料枪和料架,现在有些企业又以其英文名音译为飞达。供料器根据元件的包装方式不同,又分为带装、管装、盘装和散装几种,见表4-4。

表 4-4

包装方式	料架类型	图　片
带式包装	机械式料架、电动式料架、气动式料架	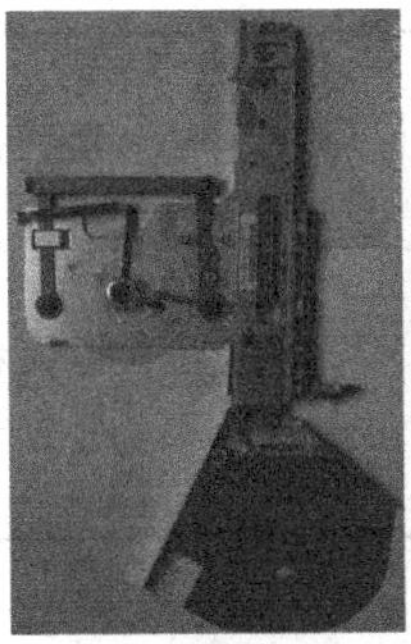 机械式 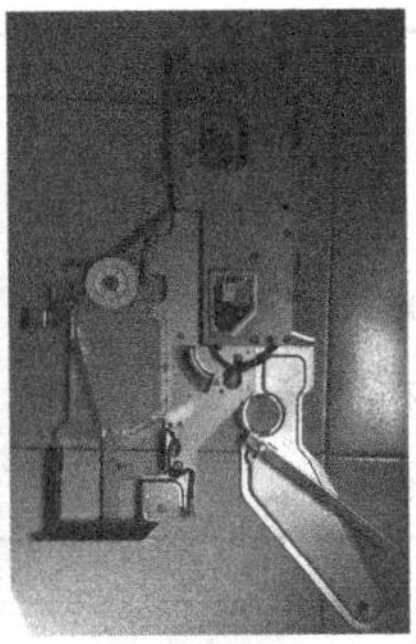　　气动式 　　电动式
管式包装	振动式料架	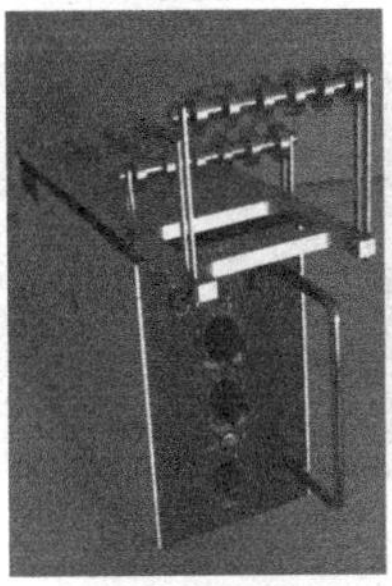 
盘式包装	盘装式料架	 
散料盒包装	散装式料架	

活动三　供料器的结构

在电子元器件的包装中,编带式包装是最为常见的,也就决定了带式供料器是应用最多的供料器。在上一活动中,我们认识了相关的供料器,在这一活动里将以使用最多、结构也最为复杂的带式供料器为主要讲解对象。

机械式供料器的组成(图 4-6),结构的作用见表 4-5。

表 4-5

结构名称	物料挂盘	固定锁扣	本 体	料带卷轮	压料盖组	进料同步齿轮	压料杆
结构作用	固定物料	将料架锁扣在特定位置	物料导轨	编带收集	将物料基带卡住	锁定物料同步孔	往复运动使料架持续供料

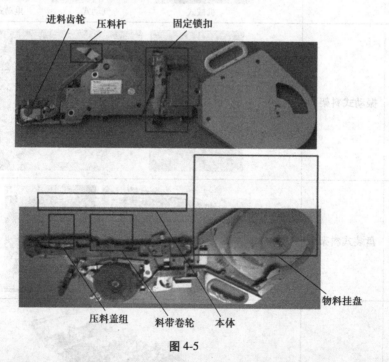

图 4-5

在带式供料器中,气动式(图 4-6)与电动式(图 4-7)在设计上与机械式相似,只是其驱动方式不一样。气动式为依靠贴片机所提供的气压,带动微型汽缸动作,而电动式则依靠低速直流伺服电机驱动。

振动式料架主要是以管式包装为主,其结构相对简单,见图 4-8。

图 4-6

图 4-7

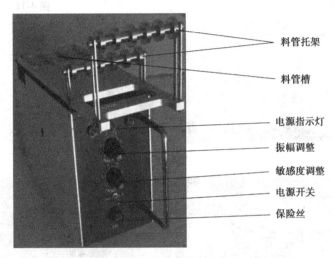

图 4-8

料管托架

料管槽

电源指示灯

振幅调整

敏感度调整

电源开关

保险丝

活动四 备料

1.松下机械式供料器备料流程

①选取一卷待备物料和与之相对应的供料器,见图 4-9。

图 4-9

②将供料器压料盖松开(图 4-10),并将待备物料挂于物料托盘上(图 4-11)。

③将待备物料料带头子找出,并将其从供料器本体导料槽铺开,见图 4-12。

④将编料带与基带分离,编料带从压料盖缝隙处拉出,并将物料同步孔卡在供料器齿轮上,见图 4-13。

图 4-10

图 4-11

图 4-12

图 4-13

⑤将压料盖压下，并用挂钩将其锁死，见图 4-14。

图 4-14

⑥将编料带依次绕过滑轮，并把编料带头固定于料带收集轮上，如图 4-15 所示。

⑦下压压料杆，直到第一颗物料出现在吸料位置，如图 4-16 所示。

⑧用剪刀将供料器头部多余基带齐头剪掉，见图 4-17，此时备料完成。

图 4-15

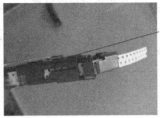

吸料
位置

图 4-16

图 4-17

2.备料的注意事项

①在选择供料器时,供料器的齿轮进距一定要与物料间距一致;

②备料时,机械式供料器应将纸质与塑胶基带进行区分;

③选择供料器时,应保持供料器清洁;

④备完料后,压料盖锁扣一定要将压料器锁死。

学习评价

评价项目	评价权重	评价内容		评分标准/分	自评	互评	师评
学习态度	20%	出勤与纪律	A.出勤情况 B.课堂纪律	10			
		学习参与度	团结协作、积极发言、认真讨论	5			
		任务完成情况	A.技能训练任务 B.其他任务	5			

续表

评价项目	评价权重	评价内容		评分标准/分	自评	互评	师评
专业理论	30%	能说出供料器分类及区别	供料器类别认识	15			
		能说出带式包装与供料器关系	能选择合适供料器	15			
专业技能	40%	使用供料器进行备料动作	正确备料	40			
职业素养	10%	注重文明、安全、规范操作；善于沟通、爱护财产、注重节能环保		10			
综合评价							

任务三　安装 Feeder

任务描述

在表面贴装工艺中,贴片机依靠其自带的视觉系统对元件外观特征进行检测,而具有相同外观特征的贴片元件多达上百种。贴片机在生产时是按固定的程序模式进行生产的,供料器正确架设在贴片机对应的站位上是一项非常重要的动作,稍有不慎就会造成严重错误。

任务分析

现代电子产品的功能越来越强大,这决定了电子产品所使用的电子元器件品种也越来越多,有的产品已经高达数百种数千颗不同类型元件,使得贴片机单台可生产元件种类也高达数百种。本任务主要通过实际的操作,让学生能熟练掌握架料和换料流程,并能养成正确的操作习惯。

任务实施

活动一　供料器的排列顺序

我们可以将供料器顺序排列分为两部分,即贴片机站位排列和料站表站位排列。

1.贴片机站位排列

贴片机站位排列又分为送料部站位排列和贴片程序站位排列,见表4-6。

表4-6

贴片机类型	供料部位置	特 点	图 例
转塔式贴片机	位于贴片机后方	①多分为左右两个料箱,其可生产材料各占一半。 ②生产时料箱移动,一般较长,物料越多,移动速度越慢。 ③生产时若元件种类小于单个料箱可承受量,两个料箱可随意选用;若大于单个料箱可承受量,则必须从起始站开始	
拱架式贴片机	位于贴片机前后方	①多为前后各两个送料区块。 ②生产时为贴片头移动,送料区块固定。 ③生产时,必须以设备所标站位进行排列	
平行式贴片机	多位于贴片机前方	①排列方式与转塔式相同,排列于同一方向,但是由很多独立模块组成。 ②生产时料箱固定不动。 ③每个模块均有自己独立的站位排列,互不影响	
复合式贴片机	位于贴片机前后方	①与拱架式一样排列。 ②生产时料箱不动。 ③一般分为4个区块,每个区块由独立控制系统控制。 ④区块间互不影响,为节约设备空间,减少贴片头移动距离,多为智能供料器	

贴片程序站位排列是指每个生产机种在编写贴片程序时所产生的站位排列,不同产品的贴片程序不一样,因此站位排列也会不一样。

2.料站表站位排列

料站表依据贴片程序制作,以方便操作人员架料和换料。因不同贴片机程序制作软件不一样,所以不同机型、不同产品所对应的料站表也是不一样的。常见料站表的格式见表 4-7。

表 4-7

SMT 料站表					页　次:1/1		
机器名称:		制作单位:		制一课	核准	审核	制作
机器规格:		使用单位:		制一课			
生效日期:		版　别:1		版序:A			
机种:	版本:	ECN:	机台编号:台		线别:线	贴片数:	
站　位	料　号	品　名	Feeder 规格	用　量		位　置	

保存期:保存至文件更新　　　　　　　　　　　　　　　　WI-03-115-001

活动二　架料

架料是指正确地将备好物料的供料器安放在贴片机指定位置。具体操作按以下步骤完成。

①将备好物料(图 4-18)和料站表(见表 4-8)相核对,找出物料所对应站位。

表 4-8

SMT 料站表					页　次:1/1		
机器名称:高速机		制作单位:SMT			核准	审核	制作
机器规格:MSH3		使用单位:SMT					
生效日期:××××××		版　别:1		版序:A			
机种:××××××	版本:×××	ECN:×××	机台编号:A 台		线别:X 线	贴片数:10	
站　位	料　号	品　名	Feeder 规格	用　量		位　置	
42	11110211308A1	102P 50 V 0805	8×4	3		C3,C4,C5	
43	11047410508A1	470K 5% 0805	8×4	1		R2	
44	11110311508A1	103P 50 V 0805	8×4	1		C6	
45	11110510207A1	U 6.3 V 0603	8×4	2		C7,C8	

保存期:保存至文件更新　　　　　　　　　　　　　　　　WI-03-115-001

②在贴片机料箱中找出对应的料站位置,并将供料架放置于该站位(供料器定位销与贴片机卡孔对齐),如图 4-19 所示。

③将供料器定位销放置于卡孔内,并将锁钩卡紧,如图 4-20 所示。

④卡好后再检查供料器有无松动、压料盖等有无翘起,检查无误后架料完成。

图 4-18

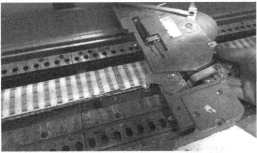

图 4-19

图 4-20

学习评价

评价项目	评价权重	评价内容		评分标准/分	自评	互评	师评
学习态度	20%	出勤与纪律	A.出勤情况 B.课堂纪律	10			
		学习参与度	团结协作、积极发言、认真讨论	5			
		任务完成情况	A.技能训练任务 B.其他任务	5			
专业理论	30%	能说出供料器排列方式	供料器排列作用	15			
		能认识料站表	料站表认识	15			
专业技能	40%	能正确架料	按要求架料	40			
职业素养	10%	注重文明、安全、规范操作;善于沟通、爱护财产、注重节能环保		10			
综合评价							

任务四 判定贴片的质量

任务描述

SMT 的所有工作均与焊接有关。SMT 的流程图上,贴片机过后即是焊接,这就促成了贴片机除了是 SMT 技术含量最高的机械设备以外,还是焊接成形前的最后一道品质保障,因此贴片质量的高低在 SMT 整个工艺过程里有着至关重要的地位。

任务分析

现代的生产加工理念里,产品品质已经成为企业生存的命脉。而在 SMT 流水线中,PCB 过了贴片机后即将面临回流焊的加热焊接成形,也就是说,元件的贴片质量如何直接决定着整个产品的品质状况。本任务将以实物为参考,让学生能自主判别贴片质量的优劣,并能以正确的方式对贴片的不良进行处理。

任务实施

本任务所指贴片质量不良,具体是指产品焊接之前所有工序的不良判定。

活动一 贴片的不良分类

贴片的不良分类见表4-9。

表4-9

不良种类	定 义	形成原因	判定标准	判定图片
位移	元件的端子或电极片移出了铜箔,超出了判定基准	①贴装坐标或角度偏移,元件未装在铜箔正中间。 ②相机识别方式选择不适当,造成识别不良而移位。 ③基板定位不稳定,基准点设置不适当或顶针布置不合适造成移位。 ④吸料位置偏移,造成贴装时吸嘴没有吸在元件的中间位置而移位。 ⑤部品数据库中数据参数设置错误,(如:吸嘴设置不适当)使贴装移位	①元件的纵向(横向)偏移小于或等于元件引脚宽度的1/4,横向(纵向)两端有接触焊盘。 ②元件两端有接触锡膏。 ③极性标示模糊但可辨认,方向正确	标准 允收 拒收

不良种类	定　义	形成原因	判定标准	判定图片
反向	有极性元件在贴片时,元件的极性与所对应的PCB标示极性不符	①元件间包装前后不一致,换料时造成反向。②引脚规则性元件在换料时未按标准作业装,贴片机不能分辨,导致反向。③贴片程序角度设置不当,导致反向	所有有极性元件反向均拒收	 反向拒收
侧立（反面）	元件正贴在PCB对应焊盘上,但元件横向旋转90°或180°	①贴片机中元件资料库公差设置过大。②吸嘴在吸料时,未吸正。③吸嘴有磨损和堵塞,导致真空吸力不足。④供料器选用不当	①侧立者拒收。②有背纹元件反面者拒收	 侧立 电阻反面
漏件	要求应该贴片的位置未贴装元件	①X/Y平台不平整。②线路板变形。③真空压力不足。④吸料不正。⑤贴片机设置不当。⑥元件表面不平整	漏件均拒收	
错件	线路板焊盘上有贴装元件,但所贴元件与要求不相符	①操作错误,人为出错。②贴片程序设定错误。③吸嘴有黏性。④来料异常	错件均拒收	 正确 错误

活动二　贴片不良处理

在贴片段,所产生不良现象按其严重程度,可进行拨正和清洗两种方式处理,具体流程如图 4-21 所示。

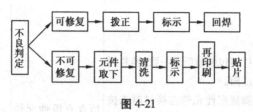

图 4-21

学习评价

评价项目	评价权重	评价内容		评分标准/分	自评	互评	师评
学习态度	20%	出勤与纪律	A.出勤情况 B.课堂纪律	10			
		学习参与度	团结协作、积极发言、认真讨论	5			
		任务完成情况	A.技能训练任务 B.其他任务	5			
专业理论	30%	能说出贴片品质标准	区分所贴片的元件是否合格	30			
专业技能	40%	能判定贴片品质及对不良进行处理	能判定贴片质量	20			
			对贴片不良进行合理处理	20			
职业素养	10%	注重文明、安全、规范操作;善于沟通、爱护财产、注重节能环保		10			
综合评价							

任务五　MSH3 贴片机的操作

任务描述

20 世纪 90 年代末至 21 世纪初,贴片机在全球像其生产速度一样蓬勃发展,日本松下贴片机也是在这时享誉全球。而 MSH3 型贴片机正是日本松下产品中的佼佼者,它将贴片机速度与精度体现得淋漓尽致,在设计上采用了当时流行的转塔式结构,但却将贴片速度达到了顶点(0.075 s/片)。可以这么说,松下 MSH3 型贴片机是转塔式贴片机最具代表性的机型之一。

任务分析

本任务主要是通过对日本松下 MSH3 型转塔式贴片机的学习,让学生掌握转塔式贴片机的工作原理,并能完成基本操作。

任务实施

活动一 认识控制面板

1.设备外观(图 4-22)

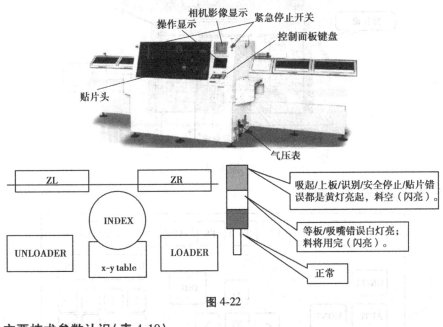

图 4-22

2.主要技术参数认识(表 4-10)

表 4-10

设　备	MSH3
承载元件种类	150 站(MAX)
电力供应	三相、 200V+10 V 、 50/60 Hz 、 30 A
气源供应	50 kg/cm^2 、 100 L/min
适用 PCB 大小	MAX:508 mm×381 mm,MIN:50 mm×50 mm
贴片速度	0.075 s/颗

续表

设　备	MSH3
X-Y 轴命令增量	0.01 mm
程序储存	Nc program（2 000 步）或 8 个程序
	Parts library 容量：1 000 种
外观尺寸　重量	5 670 mm×2 145 mm×1 560 mm、3 200 kg
视觉辨识系统	有

3.认识操作面板（图 4-23）

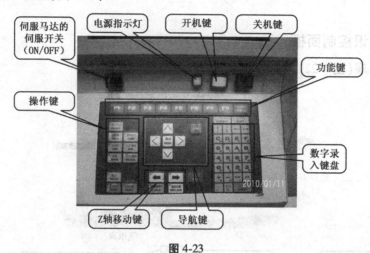

图 4-23

4.操作键盘图示（图 4-24）

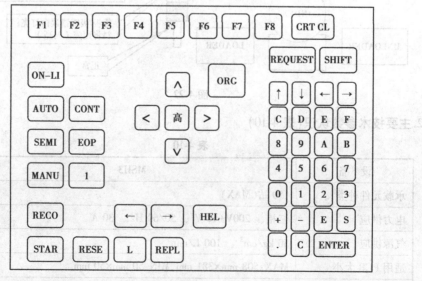

图 4-24

操作键盘按键功能的说明见表 4-11。

表 4-11

按 键	说 明
F1 至 F8	功能键
CRTCL	清除画面
M. ORG	AC 伺服马达,脉冲马达各轴回原点（回原点前请确认在手动模式及 cycle timer 在原点位置）
HIGH	在手动模式下,灯亮有调快速度的作用
0 至 9 A 至 F	数字与字母输入资料用
REQUEST	功能键转换
SHIFT	字母切换键
+ −	正、负值输入
∧ ∨ < >	在 MANU 模式下,可移动 X-Y TABLE;在辨识资料制作时,指示点及视窗可移动
↓ ↑ → ←	在显示屏幕上可移动光标
EOP	可强制执行将光标移至 NC PROGRAM 或者 PARTS DATA 的最后一步
SP	输入空格时使用
.	输入小数点时使用
CL	向前消除一个空格
ENTER	输入资料后确认
ON LINE	资料输入输出时连接的附属配备及机器本体切换 ON LINE 模式
AUTO	全自动运转模式,可执行元件贴装动作

续表

按　键	说　明
SEMI	半自动运转模式,可按程序模拟运转,但不执行吸料、识别、贴装等动作
MANU	手动模式,在此模式下可执行机器回原点及使用副控盘功能
CONT	连续动作模式,同一模式重复执行
EOP	EOP 动作模式,执行到程序最后即停止
1BLOCK	1 BLOCK 动作模式,只执行指定步骤
RECOV	运转时因元件吸着而停止该键灯亮,按灭后,按 START 键则不执行修正的装着动作而继续运转;不按灭,按 START 键则执行元件补料修正动作
START	启动自动运转时使用
RESET	发生错误时清除错误信息时使用。有错误显示时,解除错误后按此键变为可动作模式;无错误显示时,按此键则回到程序步骤开头
L.STOP	停止接受新基板进入机器内

5.显示屏(图 4-25)

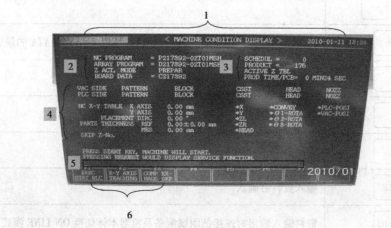

图 4-25

显示屏的说明如表 4-12 所示。

表 4-12

序　号	类　别	显示内容	描　述
1	机器状态栏	AUTO：1BLOCK	全自动模式：一步动作
		SEM：1BLOCK	半自动模式：一步动作
		MANU：CON	手动模式：连续动作
		右上方显示日期和时间	
2	程序名称显示	NC PROGRAM：	NC 程序，由字母"P"开头
		ARRAY PROGRAM：	排列程序，由字母"D"开头
		Z ACT.MODE	Z 轴动作模式
		BOARD DATA	基板程序，由字母"C"开头
3	生产数量及时间显示	SCHEDUL	显示计划产量
		PRODUCT	实际产量
		ACTIVE ZTABL	显示当前移动的 Z 轴
		PROD TIME/PCB	显示生产每片板的时间
4	吸料贴装状态显示	VAC SIDE	显示吸着位置
		PLC SIDE	显示贴装位置
		PATTERN	显示哪一个拼块数
		BLOCK	显示哪一步
		CSST	显示哪一站位
		HEAD	显示哪一工作头
		NOZZ	显示哪一支吸嘴
		NC X-Y TABLE X AXIS Y AXIS	显示当前 X-Y table 所在的位置
		Placement DIRC	显示当前贴装角度
		Parts thickness REF	显示提取的元件厚度值
		MES	显示当前测量的元件厚度值
		SKIP Z-NO	显示当前元件用尽禁止贴装的站位
5	信息提示栏		
6	菜单按钮	EXEC STRT BLC	执行开始贴装的步骤
		X-Y AXIS TEACHING	贴装位置坐标校正
		COMP EXHAUS SKP	元件用尽禁止贴装

活动二　开机

MSH3 贴片机按以下顺序开机(图 4-26)：

①开启空压阀，并调整至 0.49 MPa(5 kg/cm²)，即在气压表盘上两条绿色刻度范围内均可。

②按下开面键直至绿灯亮。

③开机后 MSH3 会进行系统自动诊断。

④检查各轴有无其他物体及 feeder 有无安装好后将"Op Mode"由"AUTO"切换至"MANU"状态。

⑤然后按下主控盘的"ORG"按键，使各轴回原点，即完成开机程序。

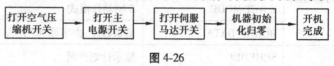

图 4-26

活动三　调程序

MSH3 贴片机程序分为两部分：料站排列程序和 NC 排列程序，调取生产程序流程如图 4-27 所示。

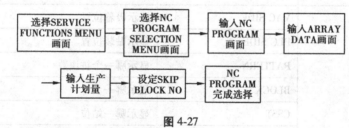

图 4-27

活动四　正常生产

在正常生产前，有以下事项需注意：

①生产前要对已架好物料与料站表、机台站位排列程序进行核对；

②物料核对好后，要对所有供料器进行检查，不得有供料器翘起及压料盖浮起等现象；

③生产第一片板时，应该先使用半自动模式，确认生产无误后再使用全自动模式进行生产。

活动五　处理散料

所谓的散料，是指贴片机在生产过程中，有些元件因为检测不合格造成抛料，抛料会被固定放置于设备内设的抛料盒里。散料收集时设备会处于停止状态。贴片机抛料盒如图 4-28 所示，收集抛料时用手将抛料盒往外面轻轻拉出(图 4-29)，待散料盒脱离固定销后取下即可(图 4-30)。将散料盒内抛料清理后，按拆下反方向装上即可。

活动六　清理废料箱

MSH3 在生产时，会使用切刀对废料带进行剪切，然后将碎料带吸进废料箱里。废料

图 4-28　　　　　　　　　　　　　图 4-29

图 4-30　　　　　　　　　　　　　图 4-31

箱的清理按以下步骤进行：

　　①清理废料箱前，检查设备是否处于停止状态。

　　②打开废料箱锁扣（图 4-31）。

　　③打开外盖，将废料收集盒拉出，将废料带倒至垃圾篓（图 4-32）。

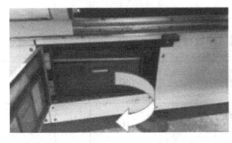

图 4-32

　　④废料带清理完毕后，将废料收集箱回归原位锁紧（图 4-33）。

活动七　关机

　　设备停止生产后，需对设备进行关机处理，具体流程（图 4-34）如下：

　　①将"Op Mode"切换至"MANU"模式。

　　②按下主控盘的"ORG"按键，使各轴归原点。

图 4-33

③按下关机键。

图 4-34

学习评价

评价项目	评价权重	评价内容		评分标准/分	自评	互评	师评
学习态度	10%	出勤与纪律	A.出勤情况 B.课堂纪律	5			
		学习参与度	团结协作、积极发言、认真讨论				
		任务完成情况	A.技能训练任务 B.其他任务	5			
专业理论	40%	能说出 MSH3 高速贴片机的结构方式和电气参数	松下 MSH3 高速机的结构方式和主要参数	20			
		能说出 MSH3 贴片机的工作流程	贴片机工作流程	20			
专业技能	40%	能完成 MSH3 贴片机的操作	正确操作贴片机	40			
职业素养	10%	注重文明、安全、规范操作；善于沟通、爱护财产、注重节能环保		10			
综合评价							

任务六　GSM1 贴片机的操作

任务描述

自 20 世纪 80 年代美国 IBM 公司推出全球首台个人计算机以来,电子产品飞速发展,到了 90 年代个人计算机开始在全球普及,各种简单便携的电子产品深受广大人民的喜爱。表面贴装集成电路也发展到了 0.5 mm 的细微间距,以前的贴片机无法对此类电子元件进行精密贴装,由此专门生产精密型元件的贴片机应运而生,而环球 GSM1 贴片机也是其中之一。

任务分析

环球 GSM1 贴片机采用拱架式设计,为 PCB 固定不动贴片头往返运动进行贴装,是专门用来生产精密集成电路的,也被称为泛用机和多功能机。本任务将对 GSM1 贴片机从开机、操作到关机进行介绍。

任务实施

活动一　控制面板认识

1.认识环球 GSM1 贴片机

环球 GSM1 贴片机外观如图 4-35 所示,功能见表 4-13。

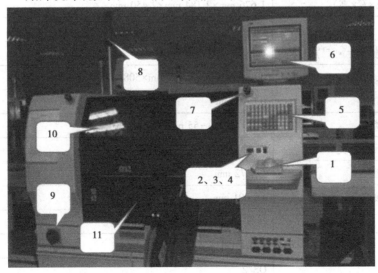

图 4-35

表 4-13

序　号	名　称	作　用
1	鼠标(前后各一)	控制操作
2	操作切换键(前后各一)	前后操作切换
3	启动键(前后各一)	该按钮被按时机器开始运作
4	循环停止(前后各一)	压下后,设备完成当前循环停止
5	键盘(前后各一)	命令输入
6	显示器(前后各一)	相机影像显示、错误信息显示和操作画面显示
7	紧急停止(前后各二)	压下后设备立即停止运行(紧急情况下使用)
8	灯塔	设备运行状态指示
9	总电源开关	设备电源开关
10	安全门	保护设备和操作人员身体
11	料槽	物料放置区域

2.主要技术参数

GSM1 贴片机主要的技术参数见表 4-14。

表 4-14

设备名称	型　号	产　地
多功能贴片机	GSM-I	美国(环球)
外形尺寸(长×宽×高)	1 676 mm×2 184 mm×2 450 mm	
质量/kg	2 614	
理论贴片速度/(片·s⁻¹)	0.18	
基板尺寸(长×宽)	50 mm×50 mm~635 mm×508 mm	
基板厚度	0.6~6 mm	
可生产元件类型	1005(片式)-55 mm(0.4 pinch QFP)	
最多可生产元件种类	72 种(12 mm)	
支持料架类型	12~72 mm	
设备贴片精度	±0.001 mm	
设备类型	拱架式多功能高精度贴片机	
视觉系统	LED 相机视觉系统	
操作系统	OS/2	
电源	三相　200 V/10 KVA	

设备名称	型　号
空气源	46 L/min,0.5 MPa
自动等级	全自动

3.操作键认识

GSM1 所用操作平台为 OS/2,使用软件为 UPS,其控制面板如图 4-36 所示,面板的功能见表 4-15。

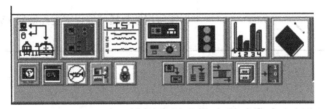

图 4-36

表 4-15

图　标	名　称	作　用
	系统设置	执行机器设置程序
	产品编辑器	协助建立编辑和维护产品程序的图形
	生产控制	控制机器的状态,如诊断模式、生产模式、空闲模式。操作员也可在此设定预产量或进行手动控制
	机器状态	提供当前产品状态,feeder 状态、机器活动记录和视觉活动窗口
	管理数据	包含机器的历史记录和产品执行数据
	文件	包含程序/操作数据和维持数据

续表

图　标	名　称	作　用
	调用程式	允许操作员指定一个程序给 GSM 运行
	计数器	允许用户设置机器预产数
	归零	回零所用轴包括可编程宽度控制器 PWC

活动二　开机

①通电前,将前后 4 个紧急停止开关任意压下一个。

②顺时针方向转动主电源开关,机器启动,通电后设备自动进行初始化。

③待显示器右下方出现如图 4-37 所示画面时,表示机器初始化已完成。请注意,GSM 机器启动时间较长,约 15 min,在未提示初始化完成前,不能乱动设备。

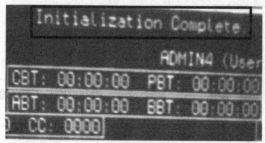

图 4-37

④确认所有紧急开关复位(含循环停止开关),启动机器启动,气动系统也将启动。

⑤此时"START"按钮灯亮,表明机器正等待归零,并按"START"按钮,机器将归零。

⑥设备停止运行表示完成归零,至此开机顺利完成。

活动三　调程序

1.移除 PCB 支撑柱

尝试调用程式到 GSM 之前必须移开 PCB 支撑柱,因为设备在调取程式时导轨会自动调整至产品宽度,如果此时贴片平台(table)上有 PCB 支撑柱,在机器开始运转时可能造成危险。为避免危险产生,按以下步骤将 PCB 支撑柱移除:

①确保机器盖已关,机器已启动,"START"键已被按动而激活伺服轴。

②操作时机器应在"Setup"模式,如果不是,机器将自动提醒转到"Setup"模式。

③选择生产控制 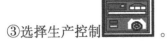 。

④选择手动控制 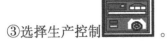 。

⑤选择"Maint Loc 1 or Maint Loc 2",选择梁可以移动到预先指定的保养位置（取决于机器方向），如图 4-38 所示。

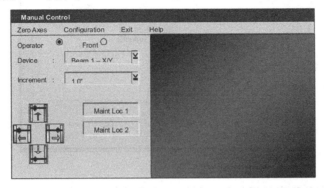

图 4-38

⑥打开前盖和顶盖到锁定位置，如图 4-39 所示。

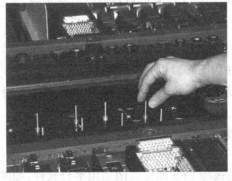

图 4-39

⑦移走支撑柱，如图 4-40 所示。

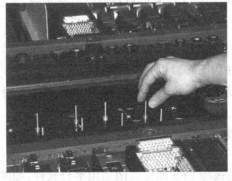

图 4-40

⑧当所有的支撑柱被移走后，关上所有的门，启动机器，按"START"键以恢复互锁。

2.程式调取

①鼠标单击选择调用程式图标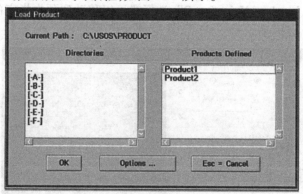。

②选择调用程式,调用程式对话框,如图 4-41 所示。

图 4-41

③选择正确产品程序然后按"OK"键,"START"键将亮起;按"START"键,机器将归零和校验互锁。

④待设备停止动作后,放置 PCB 支撑。

活动四　装料

此处的装料活动与其他贴片机相同,但须注意的是在安装有极性物料时(特别是盘装物料),一定要看清极性元件的方向。

GSM1 所用供料器均为气动和电动式驱动,气动供料器与机械式相似,每支供料器只能准备相应进距物料,而电动式供料器因采用电动机驱动,供料间距可以调整。下面认识一下电动供料器供料间距的调整方法,如图 4-42 所示。

进距调整参考表中,前面数字代表供料器调整时显示数,等号后面数据表示物料的间距(4P 即为 4 mm)。

活动五　关机

GMS1 在关机时,请按以下步骤进行操作:

①关机前首先确认设备是否处于停止状态,PCB 的贴装是否完成,设备内是否有 PCB 存在;

②确认无误后,压下紧急停止开关,紧急开关压力后等待至少 15 s,并将打开的控制菜单关闭;

③在菜单条的左下角选择 UPS 图标关闭通用平台软件,如图 4-43 所示。

④几个讯息(类似)可能出现,当出现时选择"Yes",如图 4-44 所示。

⑤UPS 关闭后,计算机显示可以关机提示,此时将主电源逆时针转到"OFF"位置。

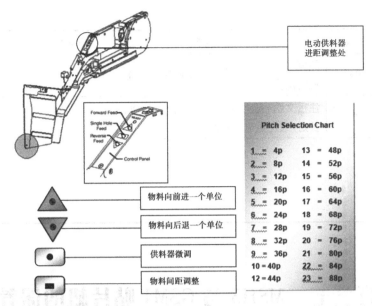

电动供料器进距调整处

Pitch Selection Chart

1	= 4p	13	= 48p
2	= 8p	14	= 52p
3	= 12p	15	= 56p
4	= 16p	16	= 60p
5	= 20p	17	= 64p
6	= 24p	18	= 68p
7	= 28p	19	= 72p
8	= 32p	20	= 76p
9	= 36p	21	= 80p
10	= 40p	22	= 84p
12	= 44p	23	= 88p

物料向前进一个单位

物料向后退一个单位

供料器微调

物料间距调整

图 4-42

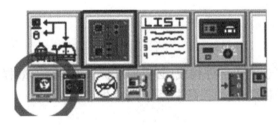

图 4-43

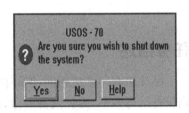

图 4-44

学习评价

评价项目	评价权重	评价内容		评分标准/分	自评	互评	师评
学习态度	10%	出勤与纪律	A.出勤情况 B.课堂纪律	5			
		学习参与度	团结协作、积极发言、认真讨论				
		任务完成情况	A.技能训练任务 B.其他任务	5			
专业理论	40%	能说出 GSM1 多功能贴片机的结构方式和电气参数	GSM1 贴片机的结构方式和主要参数	20			
		能说出 GSM1 贴片机的工作流程	贴片机工作流程	20			

续表

评价项目	评价权重	评价内容		评分标准/分	自评	互评	师评
专业技能	40%	能完成 GSM1 贴片机的操作	正确操作贴片机	40			
职业素养	10%	注重文明、安全、规范操作；善于沟通、爱护财产、注重节能环保		10			
综合评价							

任务七　MSH3 与 GSM1 贴片机的保养

任务描述

　　贴片机与印刷机相同，同样由机、电、气、光等部件构成，必要的维护保养可以有效提高设备运行效率，延长设备寿命，降低设备损耗，从而提高生产率，降低生产成本。

任务分析

　　贴片机的保养主要有活动轴的清洁加油、气路部分的检查、光感部分的清洁等。本任务介绍对印刷机进行维护保养的实际操作。

任务实施

　　本任务主要是通过对设备的清扫、清洁来完成保养工作，如表 4-16 所示。

表 4-16

项　目	位　置	保养工具	保养方法	判　定
清洁外观急停按键		无尘布酒精	用无尘布蘸少许酒精清洁（安全门用干布擦）	无尘；无异物；急停正常

续表

项　目	位　置	保养工具	保养方法	判　定
检查气压		—	目视	0.5 Mpa
检查相机		无尘布 酒精	用无尘布蘸少许酒精清洁	光源正常； 动作正常； 无尘； 无异物
供料平台		无尘布 酒精 镊子	用无尘布蘸少许酒精清洁，用镊子将缝隙内元件清除	无尘； 无异物； 无元件
清洁工作平台		无尘布 酒精 镊刀	用无尘布蘸少许酒精清洁，用镊子将顶针孔元件清除	无尘； 无异物； 夹边和顶针孔无元件
清除各轴导轨异物		无尘布 酒精	用无尘布清洁，并移除异物	够润滑； 转动正常； 无异物
检查进出板感应器和导轨		无尘布 酒精	用无尘布蘸少许酒精清洁	反应灵敏； 感应良好； 不延时

学习评价

评价项目	评价权重	评价内容		评分标准/分	自评	互评	师评
学习态度	20%	出勤与纪律	A.出勤情况 B.课堂纪律	10			
		学习参与度	团结协作、积极发言、认真讨论				
		任务完成情况	A.技能训练任务 B.其他任务	10			

续表

评价项目	评价权重	评价内容		评分标准/分	自评	互评	师评
专业理论	30%	能说出贴片机保养的重要性	能说出贴片机保养的重要性	15			
		能说出贴片机的日常保养部位	能说出保养位置	15			
专业技能	30%	能对贴片机进行日常保养	能正确对贴片机进行日常保养	30			
职业素养	20%	注重文明、安全、规范操作;善于沟通、爱护财产、注重节能环保		20			
综合评价							

技能训练

1.填空

(1)按贴片机的结构,我们将贴片机分为_____、_____、_____和_____。

(2)贴片机由_____、_____、_____和_____等硬件结构组成。

(3)我们常说的供料器有_____、_____、_____和_____。

(4)有一标示为"8×4"的供料器,其中这里"8"所代表的意思是_____,"4"所代表的又是_____。

2.完成一支机械式供料器的备料和安装。

3.完成 MSH3 的程序调取。

4.完成 GSM1 贴片机的程序调取。

5.完成 MSH3 的停线工作。

回流焊

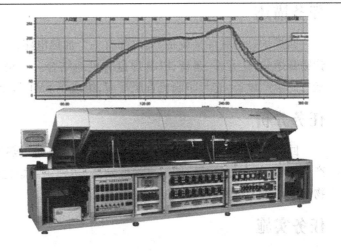

【知识目标】

● 能概述回流焊原理和焊接流程；
● 能说明炉温曲线的内容和要求；
● 能说明焊接的质量判定标准；
● 能掌握回焊炉名温区作用。

【技能目标】

● 能对焊接不良原因进行分析；
● 能在炉温曲线图上对温区进行划分；
● 能对HELLER1800回焊炉进行日常操作；
● 能对回焊炉进行简单维护。

任务一　认识回焊炉

任务描述

回焊炉是一种焊接设备,其内部有一个加热电路,将空气或氮气加热到足够高的温度让锡膏熔化,让元件、锡膏、PCB焊盘有机地结合。严格地说,回流焊是SMT加工流程中最后的生产设备,它与印刷机首尾呼应,组成了SMT最重要的工艺。

任务分析

回流焊上下各有一排马达、加热板、通风口,通过热风对流的形式来进行焊接。在生产过程中,每个加热马达的温度由低到高,达到锡膏熔化的温度形成焊接。本任务通过实物和图片来了解回焊炉的种类、结构及工作模式。

任务实施

活动一　了解回焊炉的分类

表 5-1

类　型	种　类	说　明	图　片
按温区分	6温区、7温区、8温区、10温区、12温区	相对应的上下马达的区域为一个温区,一般一个温区的长度为45~50 mm	
按有铅与否分	有铅、无铅	无铅的温区必须在9个或以上	
按加热模式分	红外线、热风对流、红外线+热风对流	常用的是热风对流	
按安装氮气与否分	有氮气、无氮气	使用氮气可在焊接时避免氧化	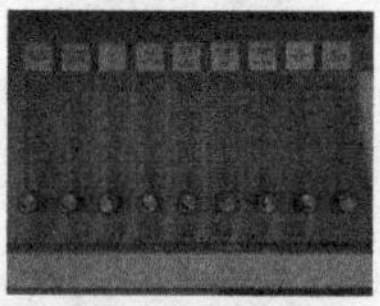
按冷动模式分	风冷、水冷、风冷+水冷	水冷效果较好	

活动二　了解回焊炉的结构

回焊炉的结构如图5-1所示。

①总电源开关:"I"接通电源;"O"断开电源。

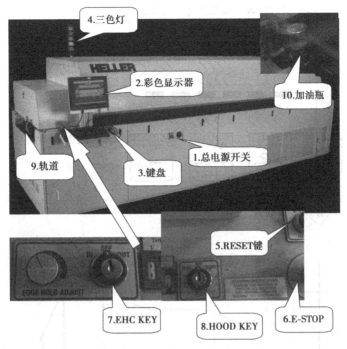

图 5-1

②彩色显示器:显示操作信息,方便操作者了解目前工作状态,准确显示机器当前各项参数。

③键盘:输入信息,完成对机器控制。

④三色灯:显示机器工作状态。

● 红色:机器处于 ALARM 状态,此时机器无法工作,必须排除故障。

● 黄色:WARNING 状态或者 NEW JOB 下载。

● 绿色:机器处于正常状态。

例如:某温区设定温度为 200 ℃,正常范围设定为 15 ℃,警报范围设定为 40 ℃,当前温度处在 185~215 ℃时亮绿色灯,当前温度在 160~185 ℃或者在 215~240 ℃时亮黄色灯,当前温度在低于 160 ℃或者高于 240 ℃时亮红灯。

⑤RESET 键:每当按下"E-STOP"键后重新开机时需要按下"RESET"键以初始化炉子;当机器刚开始生产时需要按下"RESET"键。

⑥E-STOP 键:当炉子出现紧急情况时按下该键以中断所有电源,只有计算机继续工作。

⑦EHC KEY:用于调节轨道宽度。

⑧HOOD KEY:用于炉子控制 HOOD 的升降。

⑨轨道:用于 PCB 的传送,有链网和链条两种,链网生产单面,链条生产反面。

⑩加油瓶:自动添加高温链条油装置,以润滑轨道。

活动三　回焊炉的工作流程

锡膏的回流过程如图 5-2 所示。

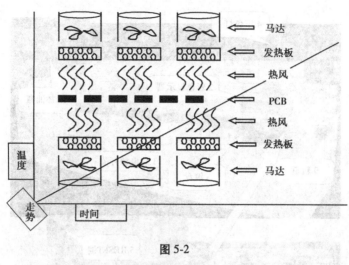

图 5-2

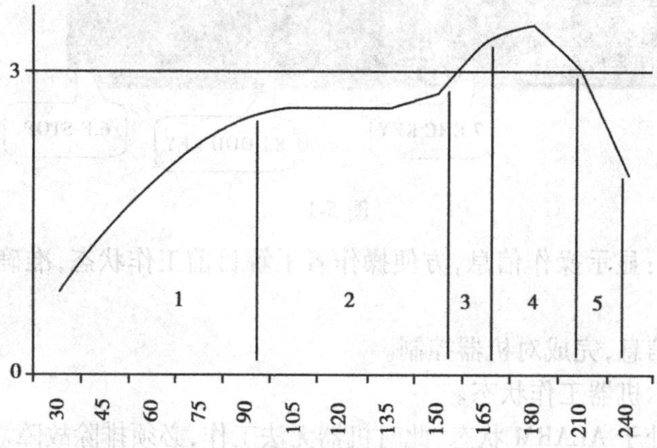

图 5-3

锡膏焊接曲线图如图 5-3 所示,图中:

• 第 1 阶段:温度须以大约每秒 3 ℃的速率上升,以限制锡膏中的溶剂沸腾和飞溅。若温度上升太快,则溶剂沸腾,从而导致锡膏中金属粉末到处飞溅,使之在冷却固化后形成小锡珠,影响产品的电气性能。此外,还有一些电子元件对温度比较敏感,如果元件外部温度上升太快,会造成元件炸裂。

• 第 2 阶段:助焊剂活跃,化学清洗行动开始,水溶性助焊剂和免洗型助焊剂都会发生同样的清洗行动,只不过温度稍微不同。此时锡膏中的助焊剂会迅速将焊接材料表层氧化物和 PCB 焊盘防焊表层破坏,使元件焊接端与 PCB 焊盘充分接触。

• 第 3 阶段:温度继续上升,焊锡颗粒首先单独熔化,并开始液化和表面吸锡的“灯草”过程。这样在所有可能的表面上覆盖,并开始形成锡焊点。

• 第 4 阶段:这个阶段最为重要,当单个的焊锡颗粒全部熔化后,结合一起形成液态锡,这时表面张力作用开始形成焊脚表面。如果元件引脚与 PCB 焊盘的间隙超过 4 mil,则极可能由于表面张力使引脚和焊盘分开,即造成锡点开路。

• 第 5 阶段:冷却阶段,如果冷却快,锡点强度会稍微大一点,但不可以太快而引起元件内部的温度应力。

学习评价

评价项目	评价权重	评价内容		评分标准/分	自评	互评	师评
学习态度	20%	出勤与纪律	A.出勤情况 B.课堂纪律	10			
		学习参与度	团结协作、积极发言、认真讨论	5			
		任务完成情况	A.技能训练任务 B.其他任务	5			
专业理论	30%	能说出回流焊的分类	回焊炉分类	15			
		能说出回焊炉的焊接原理	回焊炉的焊接原理	15			
专业技能	40%	能说出回焊炉的结构和作用	回焊炉的结构及作用	40			
职业素养	10%	注重文明、安全、规范操作;善于沟通、爱护财产、注重节能环保		10			
综合评价							

任务二　识别温度曲线

任务描述

温度曲线反映了产品从进回焊炉到出回焊炉之间的温度实时变化。在焊接过程中,根据不同锡膏、不同产品来调整对应的温度曲线,是保证产品优质化的一个主要手段。

任务分析

典型的焊接过程常有 4 个温区,分别是预热区、恒温区、熔锡区、冷却区(有要求高的产品会在恒温区与熔锡区之间多加一个升温区)。为了保证 PCB 的焊接质量,我们对每个温区的时间段、温度点都有一个大概规定,根据锡膏、产品等的不同来进行微调。

任务实施

炉温曲线图如图 5-4 所示,各温区作用见表 5-2,无铅炉温曲线各温区要求见表 5-3。

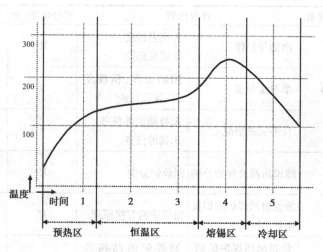

图 5-4

表 5-2

温 区	作 用
预热区	锡膏中的溶剂、气体蒸发掉,锡膏软化、塌落并覆盖焊盘,将焊盘、元件焊端与氧气隔离
恒温区	使 PCB 和元器件得到充分预热,以防 PCB 突然进高温区而损坏 PCB 和元器件;在助焊剂活化区,锡膏中的助焊剂润湿焊盘、元件焊端,并清洗氧化层
熔锡区	温度迅速上升使锡膏达到熔化状态,液态焊锡润湿 PCB 的焊盘、元件焊端,同时发生扩散、溶解、冶金结合,漫流或回流混合形成焊锡接点
冷却区	使焊锡凝固形成焊点

表 5-3

温 区	温度/℃	时间/s	速率/($℃ \cdot s^{-1}$)
预热区	0~120	60~100	1~2
恒温区	120~180	120~180	—
熔锡区	220~250	220 ℃以上 40~60; 230 ℃以上 30~50; 最高温小于 250 ℃	
冷却区	220 ℃结束	—	3~5

学习评价

评价项目	评价权重	评价内容		评分标准/分	自评	互评	师评
学习态度	20%	出勤与纪律	A.出勤情况 B.课堂纪律	10			
		学习参与度	团结协作、积极发言、认真讨论	5			
		任务完成情况	A.技能训练任务 B.其他任务	5			
专业理论	30%	能说出回焊炉温区分类	焊接温区分类	15			
		能说出各温区作用	焊接区块各自作用	15			
专业技能	40%	能在曲线图上描绘出各焊接段	识别炉温曲线图	10			
职业素养	10%	注重文明、安全、规范操作;善于沟通、爱护财产、注重节能环保		10			
综合评价							

任务三　判定焊接的质量

任务描述

同印刷、贴片一样,焊接时也会出现不良现象,焊接质量将直接影响产品的电气性能和寿命。对于焊接的品质在IPC-610D里有详细要求,所有公司的验收标准都是在此基础要求上进行一定的修改。

任务分析

对焊点的质量要求,我们将从良好的电气接触、足够的机械强度和光洁整齐的外观3个方面进行判定,同样我们也可以从人(操作者)、机(机器/设备)、料(材料)、法(方法、工艺、技术)、环(环境)5个方面去分析不良现象的形成原因,本任务通过实物和图片来进行分别讲解。

任务实施

活动一　焊接不良的分类

回流焊作为SMT段生产工艺的最后工序,它的不良综合了印刷与贴片的不良,包话少锡、短路、侧立、偏位、缺件、多件、错件、反面、反向、立碑、裂纹、锡珠、虚焊、空洞、光泽度,其中立碑、裂纹、锡珠、虚焊、空洞、光泽度是在焊接过后特有的不良,如表5-4。

- 立碑:元器件的一端离开焊盘而向上斜立或直立现象。
- 连锡或短路:两个或两个以上不应相连的焊点之间出现焊锡相连,或焊点的焊料与相邻的导线相连不良现象。
- 移位/偏位:元件在焊盘的平面内横向(水平)、纵向(垂直)或旋转方向偏离预定位置。
- 空焊:元件可焊端没有与焊盘连接的组装现象。
- 反向:有极性元件贴装时方向错误。
- 错件:规定位置所贴装的元件型号规格与要求不符。
- 少件:要求有元件的位置未贴装物料。
- 露铜:PCBA表面的绿油脱落或损伤,导致铜箔裸露在外。
- 起泡:PCBA/PCB表面发生区域膨胀的变形。
- 锡孔:过炉后,元件焊点上有吹孔、针孔的现象。
- 锡裂:锡面裂纹。
- 堵孔:锡膏残留于插件孔/螺丝孔等导致孔径堵塞。
- 翘脚:多引脚元件之脚上翘变形。
- 侧立:元件焊接端侧面直接焊接。
- 虚焊/假焊:元件焊接不牢固,受外力或内应力会出现接触不良,时断时通。
- 反面/反白:元件表面丝印贴于PCB板另一面,无法识别其品名、规格丝印字体。
- 冷焊/不熔锡:焊点表面不光泽,结晶未完全熔化达到可靠焊接效果。
- 少锡:元件焊盘锡量偏少。
- 多件:PCB上不要求有元件的位置贴有元件。
- 锡尖:锡点不平滑,有尖峰或毛刺。
- 锡珠:PCBA上有球状锡点或锡物。
- 断路:元件或PCBA线路中间断开。
- 元件浮高:元件本体焊接后浮起脱离PCB表面的现象。

表 5-4

种　类	图片 1	图片 2	图片 3
正常			
偏位			
短路			
空洞			
虚焊			
锡珠			
裂纹			
立碑			

续表

种　类	图片1	图片2	图片3
浮高	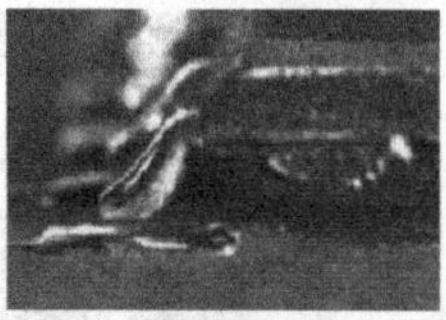		

活动二　焊接质量的判定

出现焊接不良的产品多数都不可接受,必须经过维修。以下几种情况在大多数产品里属于允收范围之内,见表5-5。

- 偏位:不超出元件焊接端(长、宽)的1/4;
- 少锡:不超出元件焊接端(长、宽、高)的1/4;
- 浮高:无件底部焊接面与PCB焊盘高度不超出0.5 mm;
- 锡珠:锡珠直径小于0.1 mm。

表5-5

项目	要　求	图　片
偏位	最小焊接宽度(C)不得超出元件焊端宽度(W)或焊盘宽度(P)的1/4;按P与W中较小者计算	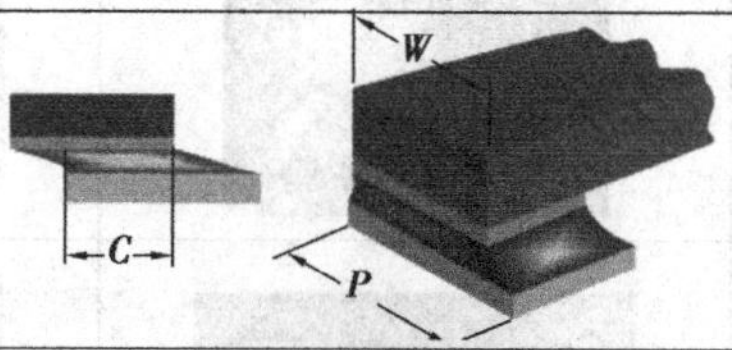
	最大偏移宽度(B)不得超出元件焊端宽度(W)或焊盘宽度(P)的1/4;按P与W中较小者计算	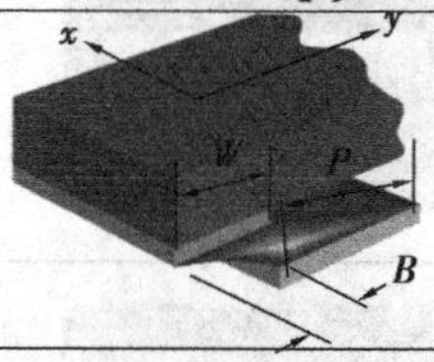
少锡	上锡高度C不得小于元件引脚高度的1/2;上锡高度必须在A与B之间	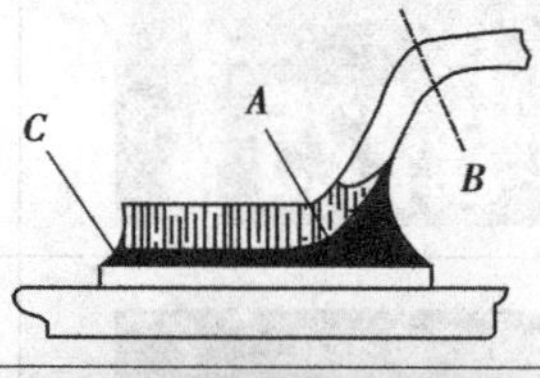
	上锡高度F不得小于元件高度H的1/4	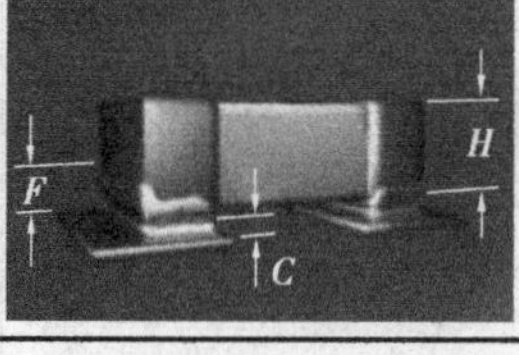

活动三　焊接不良的处理

焊接不良大部分都由前面的印刷不良与贴片不良引起,这里只针对回焊炉所造成的问题作一些分析处理,见表5-6。

表5-6

预热区	升温快	立碑、锡珠
	升温慢	考虑对整个时间的影响
恒温区	温区长	焊点不亮
	温区短	立碑、假焊
最高温	温度高	元件/PCB 发黄、损坏
	温度低	不熔锡、焊点不亮
熔锡区	温区长	元件/PCB 发黄、损坏
	温区短	不熔锡、冷焊、焊点不亮
冷却	冷却快	元件破损、锡点裂纹
	冷却慢	晶料结构大、焊点粗糙、不光亮

学习评价

评价项目	评价权重	评价内容		评分标准/分	自评	互评	师评
学习态度	20%	出勤与纪律	A.出勤情况 B.课堂纪律	10			
		学习参与度	团结协作、积极发言、认真讨论	5			
		任务完成情况	A.技能训练任务 B.其他任务	5			
专业理论	30%	能说出焊接不良的分类	焊接不良分类	15			
		能说出焊接质量的判定标准	焊接质量判定标准	15			
专业技能	40%	能对焊接产品进行品质判定	在焊接完成的产品中,找出不良焊接点	40			
职业素养	10%	注重文明、安全、规范操作;善于沟通、爱护财产、注重节能环保		10			
综合评价							

任务四　操作 HELLER1800 回焊炉

任务描述

在 SMT 生产设备当中,回焊炉是对焊接品质影响最大的一个设备。HELLER 因其优越的工作性能,超长耐久,超能产量,符合无铅回流焊接要求的优化设计,成为 SMT 回焊炉使用得比较广泛的设备。

任务分析

在实际生产当中,常常需要对回焊炉进行开/关机、加热、冷却、调轨道、开关炉盖等操作,本任务通过实物和图片来介绍回焊炉操作。

任务实施

活动一　控制面板认识

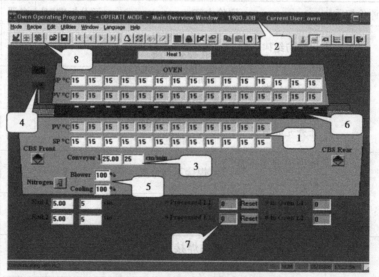

图 5-5

HELLER1800 控制面板如图 5-5 所示。图中:

1——回焊炉温度显示画面,由设定值(SP)和实际值(PV)上下温区各一组构成。修改和设定炉温时,先点击"SP"栏所对应的温区,然后输入数据即可。

2——回焊炉加热程序显示区。

3——回焊炉链条传输速度显示,修改方式与调整炉温相同。

4——回焊炉工作指示灯,红灯表示有异常,此时应暂停过炉,待异常解决后再继续生产;黄灯表示回焊炉温度正处于上升阶段;绿灯表示回焊炉处于正常工作状态,常指设定温度与实际温度相当或近似。

5——回流焊冷却风机速度,输入 0 至 100%的数字,可以调节冷却风机的速度(如果已配备)。对于具有加热冷却区的回焊炉,冷却风机的速度为 65% ~ 100%。

6——回流焊炉腔模拟显示,对生产的 PCB 进行实时监控。

7——回流焊生产计数器,对经过回流焊的 PCB 进行计数,单击"RESET"键数据归零。

8——快捷键图标,如图 5-6 所示。

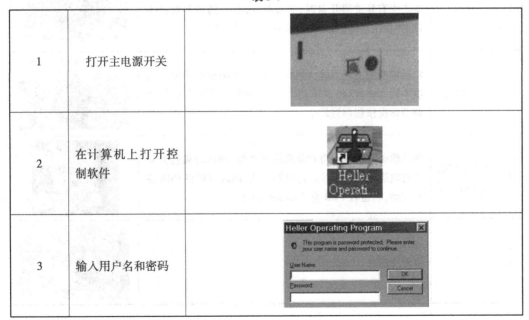

1—编辑模式;	7—到第一控制区;	13—确认所有的讯息;	19—输入阶级;	25—操作记录;
2—作业模式;	8—上一个控制区;	14—清除确认后的讯息;	20—风扇转速控制;	26—退出
3—冷却模式;	9—下一个控制区;	15—设定自动载入的程式;	21—炉腔作业画面;	
4—开新档案;	10—最后控制区;	16—设定阶级;	22—频道数值设定;	
5—开启档案;	11—拷贝频道数值;	17—设定记录时间间隔;	23—数值曲线;	
6—储存档案;	12—贴上频道设定;	18—设定记录曲线颜色;	24—警告讯息;	

图 5-6

活动二 开机

开机步骤见表 5-7。

表 5-7

1	打开主电源开关	
2	在计算机上打开控制软件	
3	输入用户名和密码	

调程序的步骤见表 5-8。

表 5-8

1	选择开启档案或快捷键 	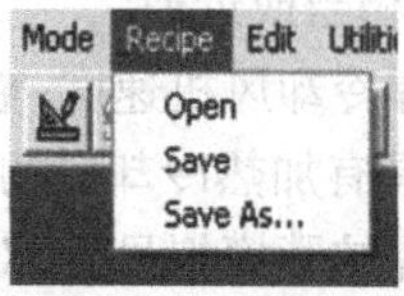
2	选择需要载入的程序	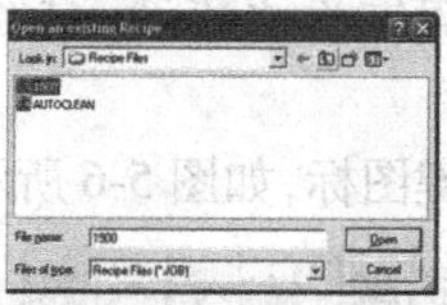
3	单击"Yes"按钮确认,自动加温	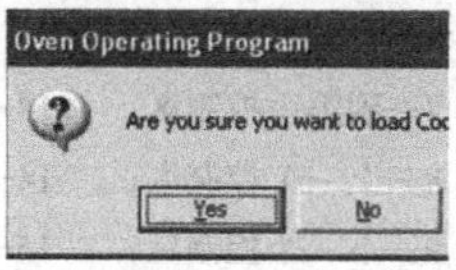

活动三　其他操作

其他操作见表 5-9。

表 5-9

1	开盖	温度未降低时不要打开盖子,以防高温热浪烫伤人员;生产中有异常须开盖时,应及时处理,以防产品焊接不良,并要注意烫伤;开盖时须将盖子升到最高	
2	调节轨道	轨道调整前应开盖确认炉膛内有无 PCB;轨道调整时速度不能太快,以防卡坏 PCB;轨道调整完毕后须将轨道调节速度按钮调到最小	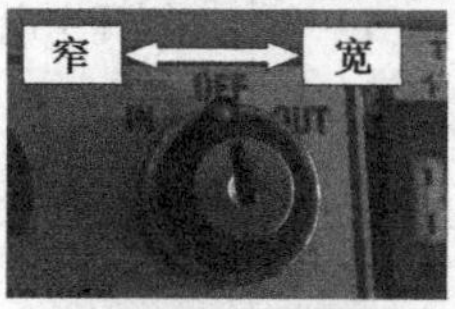
3	确认前中后的轨道宽度	确认轨道宽度时不得对轨道进行调整;确认时须打开炉盖对轨道前、中、后段进行分别确认;确认时须将 PCB 左右摆动,轨道较 PCB 宽 2~3 mm 为宜	
4	关盖	与开盖相反	

活动四　冷却关机

冷却关机过程见表 5-10。

表 5-10

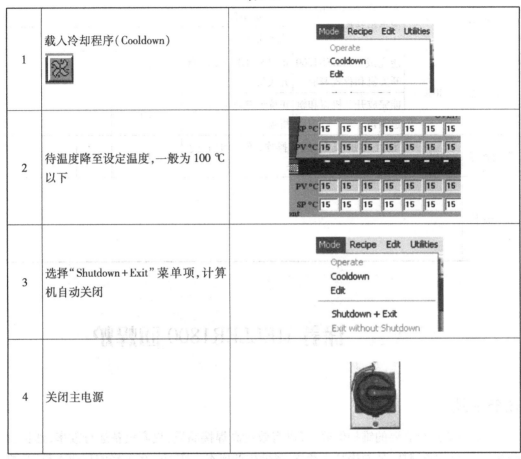

1	载入冷却程序（Cooldown）	
2	待温度降至设定温度，一般为 100 ℃以下	
3	选择"Shutdown＋Exit"菜单项，计算机自动关闭	
4	关闭主电源	

学习评价

评价项目	评价权重	评价内容		评分标准/分	自评	互评	师评
学习态度	20%	出勤与纪律	A.出勤情况 B.课堂纪律	10			
		学习参与度	团结协作、积极发言、认真讨论	5			
		任务完成情况	A.技能训练任务 B.其他任务	5			

续表

评价项目	评价权重	评价内容		评分标准/分	自评	互评	师评
专业理论	30%	能说出 HELLER1800 回焊炉结构	HELLER 1800 回焊炉结构	15			
			控制面板	15			
专业技能	40%	能完成 HELLER1800 开关机和程式调取	正确对 HELLER1800 开关机	20			
		能完成开关机盖和轨道调整	正确调整轨道和开关机盖	20			
职业素养	10%	注重文明、安全、规范操作；善于沟通、爱护财产、注重节能环保		10			
综合评价							

任务五　保养 HELLER1800 回焊炉

任务描述

　　对回焊炉进行必要的维护保养,可以有效提高焊接品质,提高设备运行效率,延长设备寿命,降低设备损耗,从而提高生产率、降低生产成本。作为一名合格的从业人员,必须能对其做基本的维护保养。

任务分析

　　回焊炉在焊接过程中,松香等活性成分一直在挥发,加上回焊炉所特有的抽风装置,回焊炉的保养比其他设备要难一些,由于会使用少量带腐蚀性的溶剂,在使用过程中必须注意自身的防护。回焊炉的保养主要有松香收集的清洁、活动轴的清洁加油、光感部分的清洁等,本任务通过实际的操作来介绍对回焊炉进行维护保养。

任务实施

　　HELLER1800 日常保养见表 5-11。

表 5-11

项　目	位　置	保养工具	保养方法	判　定
清洁外观 急停按键		无尘布, 酒精, 铲刀	用无尘布蘸少 许酒精清洁	无尘, 无异物, 急停正常
检查油量		高温油	目视	不少于 1/4
检查气压		—	目视	0.5 MPa
检查轨道		—	目视	动 作 正 常, 无 异物

学习评价

评价项目	评价权重	评价内容		评分标准/分	自评	互评	师评
学习态度	20%	出勤与纪律	A.出勤情况 B.课堂纪律	10			
		学习参与度	团结协作、积极发言、认真讨论				
		任务完成情况	A.技能训练任务 B.其他任务	10			
专业理论	30%	能说出回焊炉保养的重要性	能说出回焊炉保养的重要性	15			
		能说出回焊炉的日常保养部位	能说出回焊炉保养的位置	15			
专业技能	30%	能对回焊炉进行日常保养	能正确对回焊炉进行日常保养	30			

续表

评价项目	评价权重	评价内容	评分标准/分	自评	互评	师评
职业素养	20%	注重文明、安全、规范操作；善于沟通、爱护财产、注重节能环保	20			
综合评价						

技能训练

1.填空

（1）回焊炉可分为_____、_____、_____和_____ 4 个区块。

（2）为了提升回焊炉的焊接品质，我们会在焊接时加入_____。

（3）为保证无铅产品的焊接效果，要求回焊炉温区不得低于_____个。

2.对图 5-7 中的炉温曲线进行回焊区块划分。

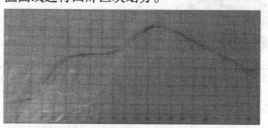

图 5-7

3.完成 HELLER1800 回流焊的轨道调整。

4.完成 HELLER1800 回流焊的程序调取。

5.完成 HELLER1800 回流焊的日常保养。

项目六

AOI检测

【知识目标】
● 能掌握AOI工作原理；
● 能说出AOI结构。

【技能目标】
● 能操作德律TR7500DT AOI；
● 能进行AOI保养。

任务一　认识 AOI

任务描述

　　随着 0201 片式元件及 0.3Pinch 集成线路的广泛应用,企业对产品品质的要求越来越高,光靠人眼目视的检查已经无法确保产品的品质。此时,AOI 技术应运而生,作为 SMT 家族里的新人,AOI 的出现有效地解决了表面贴片品质检测难的问题。

任务分析

　　AOI 跟之前所讲的印刷机和贴片机有着很多相似之处,只不过它不是像印刷机和贴片机那样的生产设备。虽说它不是生产设备,却有着与生产密不可分的关系。本任务通过对 AOI 的全面介绍,让学生能掌握其工作原理。

任务实施

活动一　了解 AOI 分类

　　AOI 的全称是 Automatic Optic Inspection(自动光学检测),是基于光学原理来对焊接生产中遇到的常见缺陷进行检测的设备。AOI 是近几年才兴起的一种新型测试技术,但发展迅速,目前很多厂家都推出了 AOI 测试设备。

　　AOI 就其在生产线中所处位置不同,可分为在线式和离线式 AOI,见表 6-1。虽有分工,但它们的工作原理都是一样的,见表 6-2。

表 6-1

AOI 类型	定　义	图　片
在线式	是可以放在流水线上同 SMT 流水线上的其他设备同时使用的光学检测仪。节奏与生产线其他设备生产节拍相同,根据监测目的的不同,可以放在生产线的不同位置	
离线式	是不可以放在流水线上同 SMT 流水线一起使用的光学检测仪,但是可以放在其他位置对 SMT 流水线上的 PCB 板进行监测	

表 6-2

机　型	在线式 AOI	离线式 AOI
检验方式	100%实现全检	一般抽检或分批抽检
自动化程度	高,随流水线自动完成所有检验	中等,需要人工协助完成检验
ESD 忧虑	低,自动作业。检验环节基本不考虑此问题	高,检验环节需人工协助,敏感元件需要格外小心处理
工人劳动强度	低,除设备编程基本不需要人工协助	每一块板的检验都需要人工放入,检验完后需人工拿出
设备污染	无	光污染,检验员近距离接触会受到高亮度光源长期刺激

活动二　了解 AOI 结构

无论是在线式 AOI 还是离线式 AOI,它们的结构原理都是一样的,通常是由图像采集、运动控制系统、图像处理系统和数据处理系统组成。相对于 SMT 其他设备,AOI 结构相对简单,如图 6-1 所示。

图 6-1

学习评价

评价项目	评价权重	评价内容		评分标准/分	自评	互评	师评
学习态度	20%	出勤与纪律	A.出勤情况 B.课堂纪律	10			
		学习参与度	团结协作、积极发言、认真讨论	5			
		任务完成情况	A.技能训练任务 B.其他任务	5			

续表

评价项目	评价权重	评价内容		评分标准/分	自评	互评	师评
专业理论	30%	能说出 AOI 的作用	AOI 的分类	10			
			AOI 的作用	10			
			AOI 的认识	10			
专业技能	40%	能说出 AOI 的工作原理	指出 AOI 结构并说出其工作原理	30			
职业素养	10%	注重文明、安全、规范操作;善于沟通、爱护财产、注重节能环保		10			
综合评价							

任务二　TR7500 AOI 操作维护

任务描述

现在 SMT 生产在进行品质检测时,AOI 的应用也越来越广泛,在 SMT 流水线里,它不光可以对焊接后的产品进行检测,还可以对印刷后和贴片未焊接的产品进行检测。AOI 检测使用相机成像原理,将图形通过计算机计算比对来完成检测。

任务分析

AOI 的设计相对较为简单,它在 SMT 就是不知疲惫的电子眼,时刻监测着不良产品的动向。本任务通过对德律 TR7500DT AOI 的学习,让学生了解、掌握 AOI 作业。

任务实施

活动一　控制面板认识

TR7500DT AOI 如图 6-2 所示,结构功能见表 6-3。

图 6-2

表 6-3

结构部件	名　称	功　能
	紧急开关	突发异常时使用,压下后设备停止运行
	TEST 按键	AOI 工作按键,压下后 AOI 开始工作
	电源开关	AOI 电源开关
	相机	负责采集 PCB 图形,MARK 辨识
	显示器　鼠标　键盘	AOI 输入和图形显示
	检测平台	放置待测 PCB

续表

结构部件	名 称	功 能
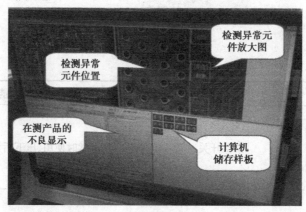	计算机主机	分析、计算和资料储存

显示器如图 6-3 所示。

检测异常元件放大图

检测异常元件位置

在测产品的不良显示

计算机储存样板

图 6-3

活动二 操作 TR7500DT

TR7500DT 操作步骤如下：

①将 AOI 主机台右侧面板下方的总电源开关向上拨到"ON"位置，此时 AOI 主机台内的计算机主机会自动启动，如图 6-4 所示。

②将 AOI 主机台右侧面板上方的电源开关向上拨到"ON"位置，如图 6-5 所示。

图 6-4

图 6-5

③将 AOI 主机台前右上方的红色电源开关沿顺时针旋转到"ON"位置，如图 6-6所示。

图 6-6

图 6-7

④待计算机主机完全正常启动后，在计算机桌面上用鼠标左键双击图 6-7 所示图标"TRI-AOI.exe"，运行 AOI 测试软体进行测试。

⑤待软体"TRI-AOI.exe"开启后，执行"File"→"Open Program"菜单命令，如图 6-8 所示。

图 6-8

图 6-9

⑥在图 6-9 所示对话框中选择相应的 PCB 机种测试程序，单击右下角处的"开启"按钮。

⑦待测试程序加载后，在工具条中单击绿色的"Inspect"命令按钮，即可开始自动测试作业。

⑧将夹板机构的轨道宽度调整至适合当前所要测试的 PCB 板宽度并锁紧轨道宽度，如图 6-10 所示。

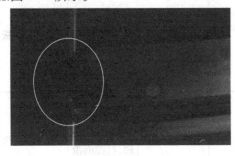

图 6-10

图 6-11

⑨将 PCB 板按照测试画面上所示的方向放置于轨道上，并向轨道右边靠紧。

⑩在 AOI 主机台前右下方处按黄色的"TEST"按钮。此时即会自动测试。

⑪开启 Repair-Station 软体，进入 Repair 确认画面进行作业。

⑫在计算机桌面上用鼠标左键双击图 6-11 所示图标"Ptri1"。

⑬输入作业员的 ID 与密码，单击"确定"项。

⑭选择"REPAIR STATION"→"Repair Prog"→"MAIN PROG"项。

⑮在画面中的"ON/OFF LINE"字段里选择"ONLINE"项，然后单击"查询"按钮项，即可开始确认作业。

⑯切换至测试主画面，先在键盘左上角处按"Esc"键，然后在测试主画面的中间下方处单击"CLOSE & STOP"，最后再单击测试主画面右上角处的"关闭"按钮，退出 TRI-AOI.exe 软件。

⑰关闭 Repair-Station 软件（即 Ptri1.exe）。

⑱将 AOI 主机台前右上方的红色电源开关沿逆时针旋转到"Off"位置。

⑲将 AOI 主机台右侧面板上方的电源开关向下拨到"Off"位置。

⑳将 AOI 主机台右侧面板下方的总电源开关向下拨到"Off"位置。

㉑关闭计算机主机。

活动三　TR7500DT 的日常维护

TR7500DT 的日常维护见表 6-4 所示。

表 6-4

项　目	位　置	保养工具	保养方法	判　定
外壳除尘		抹布	干布擦拭	无尘
夹边清理		抹布 酒精	抹布蘸酒精擦拭	无异物，夹板顺畅
导轨清洁		抹布 黄油	导轨异物清理，打油润滑	无异物，润滑

学习评价

评价项目	评价权重	评价内容		评分标准/分	自评	互评	师评
学习态度	20%	出勤与纪律	A.出勤情况 B.课堂纪律	10			
		学习参与度	团结协作、积极发言、认真讨论	5			
		任务完成情况	A.技能训练任务 B.其他任务	5			
专业理论	30%	能掌握德律TR7500AOI的结构和控制面板认识	TR7500 结构	15			
			控制面板作用	15			
专业技能	40%	能操作 TR7500 AOI	熟练操作 AOI	30			
		能对 AOI 进行保养	完成 AOI 保养	10			
职业素养	10%	注重文明、安全、规范操作;善于沟通、爱护财产、注重节能环保		10			
综合评价							

技能训练

1.填空

(1)AOI 的全称是_____,中文意思是_____,主要采用了_____原理。

(2)AOI 可分为_____和_____两大类。

(3)AOI 主要由_____、_____、_____和数据处理系统 4 部分组成。

2.完成 TR7500DL 的操作。

3.完成 TR7500DL 的日常保养。